KB232981

아름다운 살결 보존과 소나무

Preservation Charming the Skin
and Red Pine Tree

아름다운 살결 보존과 소나무

Preservation Charming the Skin and Red Pine Tree

농학박사 이광묵 저

KS한국학술정보[주]

───── 목 차 ─────

Ⅲ. 피부 관리 대하여

Ⅳ. 피부에 좋은 소나무 ·············146

Ⅴ. 소나무의 성분이 임상적으로 나타낸 유용성 ·············178

I 서두언

미국 대통령 링컨의 글에서 '마흔이 넘으면 자신의 얼굴에 책임을 져야 한다'는 문구를 본 적이 있다. 또한 일본의 평론가인 오오야케(大宅犯一)는 "사나이 얼굴은 이력서"라고 했고 하야시마마사오(早島正雄一)은 "자기 얼굴은 자기가 만드는 것이요, 남이 좋아하는 얼굴이 되느냐 안 되느냐는 스스로 결정할 일"이라고 말하였다. 따라서 우리는 우리 얼굴의 아름다움을 마음대로 통제할 수는 없지만 우리 얼굴에 나타나는 표정은 조절할 수가 있으므로 남성이든 여성이든 젊고 싱싱한 얼굴을 하고 상대방에게 좋은 인상을 주고 싶다고 생각하는 것은 당연한 일이고 그렇게 할 수가 있다. 그러므로 아름다움과 정겨운 얼굴을 만들기 위해 성형을 하고 아름다움을 뽐내지만 그보다는 표정미인이 더 좋다고 알려져 있다.

표정미인이 되기 위해서는 한 번이라도 더 웃으려고 노력하고, 한 번이라도 더 즐거운 마음을 가지려고 애쓰는 자세가 바로 미인의 첫걸음인 건강한 피부를 갖는 가장 좋은 방법이다. 그러나 이러한 방법을 터득하지 아니하고 물리적인 힘으로 아름답고 건강한 피부를 갖고자 하는 것이 많은 젊은 여성이나 남성들의 욕망이요 소망으로 바뀌고 있다. 이것은 우리가 통제할 수 없는 것을 선택하고 통제하려고 하는 부정적인 분위기가 되어 가는데 우리가 선택할 수 있는 것을 선택하여 통제하는 노력이 있어야 하겠다.

아름다운 피부란 신진대사가 활발하게 이루어지고 피지가 적당히 분비되어 윤기와 탄력, 매끄러움이 유지되는 피부이다. 건강한 피부를 위해서는 규칙적인 생활과 식생활, 정신적인 안정이 필요하다. 피부는 일생에 단 한 벌밖에 없는 나의 평생 옷이다. 꾸준한 정성을 필요로 하는 것이 피부다. 피부는 외측의 표피(表皮)는 약 1개월 정도 지나면 표피가 낡아 새로운 것과 교체되지만 표피 밑의 세포는 약 3개월이 되어야 새로운 세포가 들어와 바뀌니까 신체 기능이 정상으로 완전하려면 3개월이 걸려야 기미가 없어진다는 것이다. "기미나 검버섯은 신경질이 심한 사람이 난다"는 말이 있듯이 성격에도 영향을 미친다. 신체는 내부에서부터 건강을 가져오는 것으로 심장병이나 신경통도 근심 걱정에서 기인하는 것이지만 미용효과에도 큰 것이니 기분전환을 위해서는 알맞은 화장을 하되 가급적 자외선을 피하고 수분이 많은 식사와 적당한 수면, 규칙적인 생활로 불안감을 해소해야 한다. 특히 몸에 이상이 있으면 아름다움을 상실한다. 다시 말해서 몸이 자연스러운 움직임에서 벗어날 때는 살결의 색깔, 눈의 빛나기, 머리빛깔, 손톱빛깔 등 미용에 중요한 피부조직의 여러 부분에 아름다움이 사라져 비만체가 되기도 하고 변비가 생겨 머리가 무거워지고 허리가 뻐근하게 아프며 해수욕 등에 다녀오면 피부에 강한 자외선을 받아 피부 밑의 살결까지 망가진다. 또 임신 중인 여성의 80%는 기미나 검버섯이 나는 것도 호르몬 분비에 균형이 무너진 징후로 멜라닌 색소가 불어났기 때문이다. 그러기 때문에 검버섯은 출산 후에는 없어지며 호르몬 활동이 활발한 첫 월경 때부터 나타나는 사람도 있다. 이렇게 아름다운 피부를 관리하려면 좋은 식품과 좋은 화장품을 선택할 줄 아는 지혜가 있어야 한다.

식품은 식품으로 제 기능을 다해야 좋은 식품이다. 식품이라는 것은 인체에 활력을 넣어 활동할 수 있도록 인체의 건강을 가져다주는 가장 근본이 되는 것으로 식품이 없으면 인체의 활력은 끊어지고 그러다 보면 생명은 없어지는 것이다. 즉 내 몸이 없어지는 것이다.

당 장구령(張九齡)의 수신(修身)에 "몸이란 모든 일이 있게 되는 근본이며 백가지 행동의 발단이다.【만사지소유립, 백행지소유거(萬事之所由立, 百行之所由擧)】"는 말이 있다. 이는 내 몸이 곧 생명체이기 때문이다. 그래서 중국사람들은 예로부터 식의동원(食醫同源: 잘 먹는다는 것은 예방 의학적인 면에서 가장 중요하다) 또는 구복(口福: 복은 입에서 들어간다)이라는 말을 건강을 지키기 위해서 써 왔다고 한다. 그러나 현대인들은 값비싼 명약에만 관심이 쏠려있어 '버려진 돌이 모퉁이 돌이 되고 진흙 속에 보석이 파묻혀 있듯이' 거들떠보려고도 하지 않는 산 속의 청정한 소나무, 이것이 바로 우리 문화와 민족성을 지켜준 민족수(民族樹)이며 그 소나무가 우리 민족의 건강을 기초로 여성에게는 아름다움을, 남자에게는 강력한 체력을 위해 공헌한 가치에 대하여 알아야 한다.

영국 속담에 "남자는 마음으로 늙고 여자는 얼굴로 늙는다"는 말이 있다. 주름살과 함께 품위가 갖추어지면 존경과 사랑을 받는다는 '위고'의 말처럼 마음의 향기와 인품의 향기가 자연스럽게 우러나는 삶을 살도록 노력해야 한다.

2006. 11. 10.

이 광 묵

II 피부에 대하여

1. 피부의 기능

피부의 가장 큰 임무는 몸의 보호기능이다. 피부는 인체 기관 중에서 회복력이 매우 빠른 장기의 하나이다. 인체 장기의 대부분이 한 번 손상되고 나면 회복이 불가능하지만 놀라운 조직 교체능력을 가진 피부는 부지런히 새살을 만들어 낸다. 이러한 피부는 층을 이루고 있으며 안에서 자라 밖으로 나온다. 피부의 맨 밑바닥에 두께가 서로 다른 지방층이 있다. 진피와 표피가 덮여 있다. 진피와 표피가 이어지는 곳에 기초 세포층이 있다. 이 세포층은 끊임없이 표피를 뚫고 밖으로 나가는데 분열, 성장, 성숙과정을 거쳐 서서히 죽어간다. 피부 표면에 올라오면 이런 세포는 각질(角質)이라 불리는 딱딱한 물질의 층이 된다. 손바닥이나 발바닥처럼 가장 많이 닳는 신체 부위의 각질층이 가장 두껍다. 각질은 몸에서 수분이 빠져나가는 것을 막고 유독성 화공약품이나 세균이 몸 안으로 들어오지 못하게 한다. 멜라닌은 피부색을 결정하는 색소이며 천연적인 햇빛 차단제 구실을 한다. 기초 세포층

안에 있는 멜라닌 세포가 멜라닌을 만들어 낸다. 누구나 멜라닌 세포의 숫자는 똑같다. 다만 사람마다 멜라닌 생산 능력에 차이가 있다. 멜라닌이 많을수록 피부색이 검다. 털은 진피에서 생겨난다. 각질로 이루어진 털은 모낭에서 자라 표피를 뚫고 몸 밖으로 나온다. 피지선에서 나오는 방수성 지방이 털에 기름기를 발라준다. 이런 피지선들은 특히 사춘기에 활동이 왕성해 이때 여드름이 생기기 쉽다. 그러나 중년이 되면 피지선의 생산성이 떨어진다. 땀은 진피의 땀샘에서 만들어져 피부 표면으로 나온다. 피부의 탄력 있는 조직은 콜라겐 섬유로 이루어져 있다. 그 때문에 피부는 부드럽고 질기다. 사람들은 나이가 듦에 따라 피부의 탄력이 줄어들고 주름이 진다. 진피 밑의 지방층은 절연체와 완충장치의 역할을 한다. 얼굴과 같은 부위에서는 지방층 밑에 있는 근육에 의해서 피부가 움직인다. 건강한 피부는 방수능력을 가진 보호막 구실을 하기 때문에 바깥의 수분이 몸속으로 들어가는 것도 방지하게 되고 몸속의 수분이 증발되는 것도 막게 되며 심지어는 미생물의 침범도 막는 역할을 하는 것으로 되어 있으나 실제로는 크림형태의 물질은 부분적으로 침투가 가능하며 미생물 방어기능도 매우 제한된 것으로서 때로는 세균이나 곰팡이에 의해 침범되기도 한다. 피부는 비교적 질긴 성질의 조직으로 되어 있어 몸 바깥에서의 온도의 자극이나 기계적 자극으로부터의 물리적 손상을 최소한으로 줄이기도 하며 제한된 정도이기는 하나 때로는 화학적인 자극에 견디어 내는 일도 한다. 이러한 물리적 및 화학적 자극은 피부에 퍼져 있는 감각신경을 통하여 초기에 자극을 받아들임으로써 심한 정도에 노출되기 전에 미리 방어할 수 있도록 반사기능과 연결되어 있으며 실제로 피에 많은 감각신경의 가지와 신경의 말단수용기가 분포되어 있어 피부는 다른 어느 곳보다도 예민하게 반응할 수 있는 감각기관 구실을 한다. 피부에는 또한 많은 혈관이 분포되어 있어 이 혈관을 수축시키거나 확장시킴으로써 또는 땀샘을 통하여 수분을 내보냄으로써 몸의 온도

아름다운 살결 보존과 소나무

를 조절하는 온도조절기관으로서의 기능을 가지고 있다. 동물에서는 여기에 털과 피부 밑 지방이 체온조절에 깊이 관여하고 있으나 사람에게서는 진화에 따라 피부 표면에 나 있던 온도조절 목적의 털이 거의 퇴화하고 문명의 산물인 옷으로 조절하게 되었으므로 옷 종류에 따라 체온의 축적과 손실이 상당부분 이루어진다. 몸속의 수분이나 몸 바깥의 수분이 피부 조직층을 거쳐서 직접 출입할 수 없도록 되어 있지만 특수한 통로인 땀구멍을 통하여서는 몸 안의 수분을 적은 양에서 많은 양까지 한 번에 내보낼 수 있게 되어 있어 땀은 체온을 조절하는 데 큰 역할을 하는 한편 몸 전체의 수분 대사에도 영향을 미치고 있으며 또한 수분이 배출될 때면 땀 속에는 불필요한 각종 대사로 수분을 보내기 때문에 배설기관으로서의 기능도 가지고 있다고 보아야 한다. 피부는 범위가 넓기 때문에 피부에 의해 몸속 기능이 큰 영향을 받을 수 있는 매우 중요한 기관으로 생각해야 한다. 피부가 어떤 원인에 의해 부분적으로 손실이 되면 보호를 받던 것에서 노출됨으로써 이곳을 통하여 몸 안의 조직액이 증발되어 몸의 수분과 전해질의 균형이 깨어지고 정도에 따라서는 손실된 체액을 추정 보완해 주는 일은 임상의사에게 매우 중요한 일이다.

2. 피부의 구조

성인의 평균 피부 표면적은 개인에 따라 약간씩 차이는 있으나 평균 1.5 ㎡~2.0㎡ 정도이고 성인의 남자는 약 1.6㎡, 성인 여자는 1.4㎡로 유아의 약 7배가량 된다. 피부의 두께는 평균 0.85~1.2㎜로 가장 얇은 곳은 눈꺼풀로 0.04㎜이며 가장 두꺼운 곳은 등의 피부가 2.3㎜이고 손바닥으로 1.3㎜, 발바닥은 2.0㎜이다. 피부의 무게는 성인 체중의 18%를 차지하고 있으며 뇌보다도 더 많이 나가는 무게다. 남성의 피부는 여성의 피부보다 더 두껍다. 제곱센티미터마다 300만 세포가 자리잡고 있으며 또한 10줄기의 난포와 15개의 피지선, 100개의 수분선, 3개의 혈관, 12개의 신경이 자리잡고 있다. 이러한 피부는 표피, 진피, 피하조직의 세 개 층으로 나뉘고, 표피는 피부의 가장 바깥쪽 층으로 신체의 보호막을 형성하고 진피는 그 밑

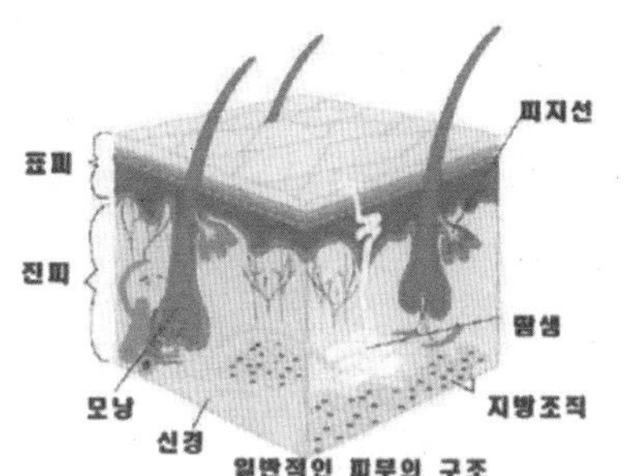

의 층으로 순수한 피부라 불리기도 한다. 표피 내에는 혈관은 없으나 작은 신경의 말단을 가지고 있고 진피에는 혈관층이 들어와 있으며 땀을 내는 한선, 기름기를 분비하는 피지선, 몸을 보호하는 조갑, 모발 등의 부속기관들을 갖고 있다.

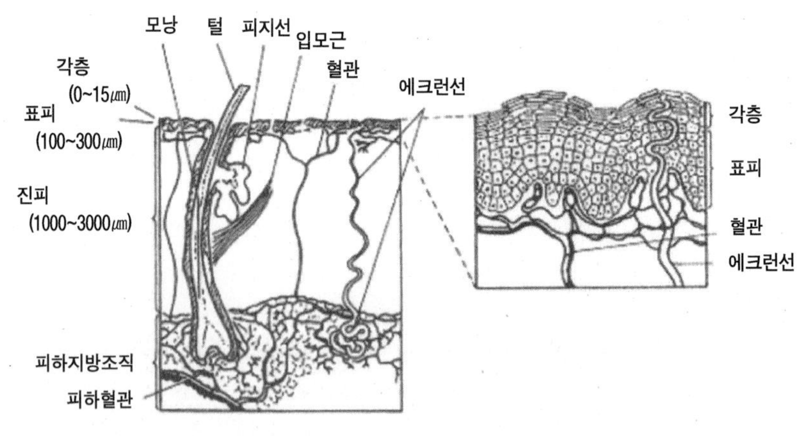

 아름다운 살결 보존과 소나무

1) 표피(Epidermis)

외계와 직접 접촉하는 부분으로 각질층, 투명층, 과립층, 유극층, 기저층으로 구성되어 있다. 또한 외계자극에 대하여 강한 저항력을 갖고 있으며 피부의 두께는 인종이나 부위에 따라 달라지며 가장 얇은 곳은 눈꺼풀로서 0.2-0.6㎜이고 손, 발바닥의 두께는 2-4㎜이다. 표피는 상피조직으로서 그 주성분은 주로 젤라틴이며 혈관과 신경조직이 없다 특히 세포는 대부분 기저층에서 생성되어 유극층, 과립층, 투명층을 거쳐 각질층에서 소멸되는 과정을 거친다. 이러한 주기를 표피의 신진대사작용이라 하며 대략 28일±3일이 걸린다고 한다.

-**각질층**: 핵이 없는 각질세포가 10-20층으로 겹쳐서 된 것으로 이 이 층의 표면에는 계속해서 떨어져 나가는 편평한 죽은 세포들이 주로 포함되어 있어 매일 수백만 개씩 떨어져 나가고 표면으로 올라오는 세포들로 대치된다. 각질층의 세포들은 서로 단단히 밀착되어 있어 마치 한 장의 합판처럼 되어 있는데 부드러운 소프트 케라틴(soft keratin)이 주성분이다. 각질층에는 수분이 거의 없을 뿐 아니라 지방질 성분들이 겹겹이 끼여 있는데 이 지방질이 피부의 수분 증발을 막아 줄 뿐만 아니라 이 물질이나 세균들이 피부 속으로 침입해 들어오는 것을 막아주는 방패역할을 한다. 각질층은 겹겹의 죽은 세포층으로 되어 있고 그 겹겹이 피지가 끼어 있어 마치 기름먹인 장판지와 같이 수분까지도 통과하기 어렵게 되어 있다. 각질층의 역할 중에서 가장 중요한 것은 피부의 수분 증발을 막고 외부로부터의 이 물질 침투를 막아 준다는 것이다. 각질층 맨 바깥층을 특별히 비늘층이라 부른다. 비늘

"

층이 시시각각으로 표피로부터 떨어져 나가는데 이러한 현상을 표피 박리현상이라고 한다.

－**투명층**: 일명 담명층이라고도 한다. 이 피부 층은 과립층과 각질층 사이의 경계를 이루는 일종의 접경으로서 케라틴이라는 단백 물질에 눌려서 납작해진 세포로 된 얇은 필름 형태의 투명한 막으로 형성되어 있다. 따라서 피부 세포의 각질화 작용, 즉 케라티나이제이션(keratinization)은 바로 투명층에서 시작된다. 즉 피부를 통해서 수분이 전달되는 것을 통제해주는 관문이다. 또한 전기, 물리적 장벽인 레인막이 있다.

－**과립층**: 1-4층의 편평한 과립모양의 세포로 구성되어 있고 여기에서부터 세포핵이 약화되기 시작한다. 또한 케라틴 형성의 시초가 되는 케라토히알린이라 불리는 성분을 함유한 과립이 축적된다. 이것은 히알린이라는 초자질을 만들어 내기도 하고 표피에 지방세포를 생성해 내는 매우 중요한 역할을 담당하고 있다.

－**유극층**: 표피 중 가장 두꺼운 층으로 세포의 모양은 다각형이나 상층으로 올라갈수록 납작해지는데 각질층의 가장 중요한 요소인 케라틴을 형성해 낸다. 극세포는 몇 개의 층으로 되어 있는데 피부 바깥쪽으로 나오면서 세포의 크기가 점점 커진다. 안쪽에 있는 세포들은 농도가 진한 원형질과 팽창된 세포핵을 갖고 있다.

－**기저층**: 기저세포들이 거의 단층으로 배열되어 있으며 대부분의 세포분열이 이곳에서 이루어지므로 표피의 생장에 대한 책임을 지고 있다. 기저 세포층에서 각질층에 이르기까지 끊임없이 바깥쪽으로 밀려나오는 피부 세포의 일생은 약 4주 정도밖에 되지 않는다. 이 층은 표피의 맨 안쪽에 있는 층이지만 피부 표면의 모습을 결정하는, 매우 중요한 역할을 담당하고 있다. 건강하고 활동

 아름다운 살결 보존과 소나무

적인 배아 세포들은 젊고 탄력 있는 피부 표면을 만들지만 허약하고 비활동적인 배아세포들은 피부에 주름살이 지도록 한다. 그리고 피부색을 결정하거나 피부에 색소 침착 현상을 가져오는 멜라닌 세포를 가지고 있으며 진피와의 연결통로로서 생리학적인 교환작용이 이루어지므로 대단히 중요한 곳이다.

피부의 색을 결정하는 멜라닌 색소는 기저층에 존재하는데 이 색소의 많고 적음으로 인해 인종이 구별된다. 피부의 단면 모양을 보면 표피와 진피의 경계가 굴곡이 있는 것을 알 수 있는데 이 굴곡은 피부의 신진대사에 많은 도움을 준다. 피부의 노화현상으로 피부 탄력과 신진대사기능의 저하, 색소 침착 등이 있는데 이때에는 표피와 진피 간의 굴곡이 편평하게 퍼진 상태로 바뀌게 된다.

2) 진피(Corium)

진피층은 피부의 근저를 이루는 피부층으로서 교직상태로 된 결합조직 막으로 탄력섬유의 활발한 네트워크로 강화되어 있으며 표피의 14-40배 정도로 피부의 95%를 차지하며, 혈관, 임파선, 신경, 한선, 피지선, 모낭, 모발선, 감각선, 땀샘 등이 자리잡고 있는 근간이 되기도 한다. 세포와 섬유 사이에는 초질과 콜라겐, 엘라스틴이 있어 피부의 탄력을 관장한다. 진피층은 유두층과 망상층으로 나누어지는데 노화가 진행될수록 촘촘했던 망상층은 점점 느슨해지기 시작한다.

－유두층: 진피의 표층으로 표피 안으로 작은 유두가 돌출해 있다. 유두 내에 모세혈관, 신경층이 많으므로 영양교환작용이 가장

활발하게 일어나는 곳이다.

-**망상층**: 진피의 심층으로 진피의 5분의 4를 차지하고 있다. 굵은 교원섬유가 대부분을 차지하고 그 사이에 탄력섬유가 치밀하게 배열되어 있다.

3) 피하조직(Subcuticular Tissue)

피하층은 진피로부터 뿌리내리고 있는 결합조직을 내포하고 있는데 다량의 지방을 함유한 세포와 결합조직으로 구성된 두꺼운 층으로 피부와 근육을 구별지어 주는 경계선이다. 진피와 마찬가지로 모낭과 한선을 가지고 있으며 진피보다 더 큰 혈관, 림프관 및 신경이 있다. 피하지방은 외부의 압력이 내부에 직접 미치지 않도록 하고 남아 있는 영양물질을 저장하는 역할을 한다. 피하층은 또 피부 근육과 밀착되어 있어 근육이 진피층에 연결되도록 해 주고 있다.

4) 피부 부속기

진피 속에는 임파관, 신경, 모낭, 피지선, 땀샘 등이 들어 있는데 이것을 합쳐 피부에 부속되어 있는 기관이라는 뜻으로 피부 부속기라 한다.

3. 피부 방어벽

1) 구 성

표피, 진피, 표피와 진피 사이의 피부 방어벽

2) 역 할

피부 외부의 이물질(수분, 유분)이 피부로 침투하지 못하도록 하는데, 특히 피부 방어벽이, 이물질이 진피(콜라겐, 엘라스틴 포함)내부로 침투하는 것을 방지하는 역할을 한다.

3) 특 징

피부의 진피는 피부의 탄력과 생생함 유지의 척도가 되는 콜라겐과 엘라스틴 섬유로 구성되어 있다. 여성은 30대에 들어서면서부터 피부의 신진대사율이 50%이하로 떨어지면서 콜라겐과 엘라스틴의 침식속도가 생성속도보다 빨라지게 된다. 따라서 각질이 두꺼워지게 되고 진피에서 각질까지 피부생성 - 소멸 사이클 이 20대의 26일에서 40 · 50대에 이르는 40-52일까지 걸리게 된다. 그로 인해 피부가 뻣뻣해지고 모공에 노폐물이 축적되어 피부가 거칠어지게 된다.

4. 피부와 건강

1) 피부는 건강신호등

지금으로부터 700여 년 전 가마쿠라(겸창,鎌倉) 시대에 간행된 고레무네·도키도시 선(選) 『의가천자문』에는 "피부의 미(微: 쇠를 의미)를 게을리하여 골수의 요(夭: 일찍 죽거나 불에 탄다는 뜻)에 미친다"라고 했고 『신수본초(新修本草)』에서는 "환후는 피부의 미를 게을리하여 골수의 고질이 되었다."라고 하였고 막심·프랑세에즈는 "피부는 제병(諸病)의 거울이다", 슐츠는 "피부는 주변심장이다." 또 프랑스의 로오부리 박사는 "우리들에게는"두 개의 심장이 있다. 즉 피부는 제 2의 심장이다"라고 갈파하였다. 곤다·나오스게옹의 『의도백수』에는 "털구멍은 노폐물의 배설을 하면서 언제나 막히거나 굽어지지 않게 하여야 한다.""피부에 병이 있어 끝내는 그 영향이 근육과 내장에까지 미친다."고 하였다. 이와 같이 예부터 피부는 건강에 관계가 있다는 것은 많은 문헌이 제시하고 있음을 알 수 있다. 따라서 피부는 건강상의 중요한 암시이고, 육체의 병(내, 외부)을 암시하는 지표가 된다. 예를 들면 전신 가려움증은 황달과 만성 신부전증 환자에게 흔하며 임파종 환자의 20%정도도 가려움증을 호소한다. 얼굴 등에 쌀알 모양의 결석이 잡히는 피부 석회증이 있으면 신장질환을 의심해야 한다. 심장과 폐 질환이 있을 때는 얼굴 등이 창백해지는 청색증과 점 모양의 출혈 등이 나타나고 손톱마디가 곤봉처럼 둥글게 커지기도 한다. 온몸 피부가 까맣게 변할 때는 뇌하수체 종양 또는 부신피

 아름다운 살결 보존과 소나무

질 호르몬 저하증인 에디슨씨병을 의심해야 하다. 스테로이드를
사용하다 갑자기 끊어도 피부가 까맣게 될 수 있다. 전신이 붉게
변하는 홍피증은 약물 부작용인 경우가 가장 흔하고 드물지만 임
파종일 수도 있다. 피부가 하얗게 되는 백납증 환자의 30-40%
는 갑상선 질환자이며 반대로 갑상선 질환자의 0.6-12.5%에게
백납증이 생긴다. 눈꺼풀 안쪽에 작고 노란 혹이 있으면 고지혈증
을 의심해야 한다. 손바닥이 유난히 빨갛거나 가슴과 얼굴 등에
거미 모양의 실핏줄이 보이는 증상은 정상인에게도 생기나 간 질
환일 수도 있다. 팔과 다리에 고기비늘 모양의 각질이 생기는 증
상은 알코올 중독이나 영양실조 환자에게 흔하며 나비 모양의 안
면 홍반은 전신성 루푸스 환자의 20-60%에게 나타난다. 추위에
노출 시 손, 발가락의 창백, 청색증, 발적이 나타나면 레이노드병
을 의심해야 한다. 다치지도 않았는데 피부에 점 모양의 출혈이
보이거나 2-3㎜의 반상출혈이 나타나면 피가 정상적으로 굳지 않
는 혈액응고 질환이나 백혈병 등을 의심해야 한다. 겨드랑이가 댕
기는 것 같이 굳어지고 닭 벼슬처럼 잡히는 "흑색극세포증"이 생
기면 위암을 의심해야 한다. 이와 같이 트러블을 예방하는 피부건
강 체크포인트를 보면 다음과 같다.
첫째, 내장기관의 이상유무를 점검한다. : 위장이 나쁘다든가 신장
이 이상이 있다든가 하면 바로 피부로 나타난다. 위장이 나쁘면
영양의 흡수가 절대로 이루어지지 않고 신장이 나쁘면 피 속에
유해물질이 떠돌아다니기 때문에 그 결과 피부에 악영향이 나타나
는 것이다.
둘째, 혈액순환이 잘 되어야 한다. : 영양분이 몸 전체에 골고루
퍼지기 위해서는 혈액순환이 잘 되어야 한다. 만일 혈액순환에 이

상이 있다면 곧바로 피부의 기능저하가 나타나는 것이다.

2) 오장육부가 건강해야 피부가 예뻐진다

얼굴이라는 말의 어원을 살펴보면 '얼'이란 본래 '영혼,' '정신'에서 유래되었고 '굴'이란 '통로'의 의미를 가지고 있다. 그러니까 얼굴이란 영혼이나 정신을 보여주는 통로의 의미를 가지고 있다. 이런 얼굴은 개개인의 표정관리의 정서로서 활기가 넘치고 건강미가 있게끔 표정이 밝은 사람은 예쁜 얼굴이 되는 것이다. 그런데 무표정한 얼굴을 가진 사람은 소통을 거부하고, 우울한 마음을 가지고 있는 사람이기에 예뻐지려고 하여도 예뻐질 수가 없다. 여성들은 그 원인을 해소하려 하지 않고 미용상품으로 바꿔 보려고 경제적 여유가 없어도 미용상품에 투자를 아끼지 않는다. 그러나 요즈음 여성들의 여린 마음을 이용해 얼굴의 국소적 해결을 통하여 피부의 모든 것을 처리할 수 있다는 인식을 심고자 미용상품들이 쏟아져 나오고 있지만 그러나 아름다운 얼굴은 겉모습만 관리하는 것만으로는 만들어지는 것이 아니다. 한의학에서 보는 얼굴을 인체의 축소판, 오관은 오장육부와 연결이 되어 있고 오장육부는 칠정(기쁨, 슬픔, 분노, 즐거움, 공포, 사려, 과다)이라는 감정과 관련이 깊다고 한다. 따라서 오장육부가 건강하지 못하고 마음이 편하지 못하면 결코 아름다운 얼굴을 가질 수 없다. 눈을 보면 간주목이라 해서 간장에 속해 있다. 맑고 아름다운 눈을 가지려면 우선 간장에 피로감이 없어야 하고 쓸데없는 허열이 뜨지 않아야 한다. 폐주비라 하여 폐는 코를 주관한다. 감기가 들면 코부터 맹

맹해지고 콧물이 막히는 증상이 생기는데 이는 코를 주관하는 폐 기능이 떨어졌기 때문이다. 또 귀는 신장에 속해 있고 혀는 심장에서 주관하고 입은 비장에서 주관한다. 따라서 비위기능이 떨어지면 입술이 부르트고 입 냄새도 난다. 두 뺨 또한 비장에 속해 있다. 속이 나쁜 위장병 환자는 항상 얼굴에 여드름과 뾰루지가 많이 나는데 바로 비위장의 열 때문이다. 아무리 미인이라 해도 피부에 기혈 순환이 안 되어 오장육부의 건강상태가 원활하지 않으면 얼굴에도 많은 변화가 오고 진짜 미인이 될 수 없다. 환절기가 되면 얼굴이 건성으로 변하게 되고 버짐이 일어나며 얼굴이 거칠어지는 것 또한 몸의 기혈 순환이 잘 되지 않기 때문이다. 몸이 나른하고 의욕이 없고 피곤할 때 '기가 허하다. 원기가 없다'고 하는데 이것이 바로 기가 부족해서 생기는 **기허증**이다. 맥이 약하며 아침에 일어나기 힘들고 자주 눕고 싶고 외출했다 돌아오면 지쳐서 꼼짝 못하는 경우를 말한다. 평소 손발이 차고 추위를 잘 타고 무릎이나 등이 시리거나 찬 것을 먹으면 즉시 설사를 하는 사람은 **양허증**이다. 한편 피부가 건조하거나 손발이 잘 트고 머리카락이 유난히 가늘고 잘 빠지거나 얼굴이 갑자기 후끈 달아오르는 증상이 있다면 **음허증**인 경우가 많다. 얼굴이 창백하다고 꼭 병이 있는 것은 아니지만 갑자기 앉았다 일어나면 어지럽고 눈이 침침해지고 기억력이 없어지며 손발이 잘 저리게 되고 가슴이 두근두근 거리며 잘 놀라거나 어깨가 무거워지는 등 몇 가지 증상이 함께 나타나면 **혈허증**이라고 할 수 있다. 이처럼 몸이 건강하지 않으면 정신적으로도 짜증이 나거나 신경질적이 되기 쉽다. 이는 얼굴에도 그대로 나타난다. 늘씬한 몸매에 예쁘게 화장을 했지만 지치고 짜증스런 얼굴보다는 화장기 없는 발그레한 볼에 아름

다운 미소를 머금는 건강한 여성이 오히려 아름다워 보인다. 고대
희랍의 의사 헤로필루스(Herophilus)는 "만약 건강이 없으면 학
문도 기예(技藝)도 다 그 효용을 나타낼 수 없고 힘도 쓸 수 없
고 부(富)도 소용없고 웅변도 또한 무력하다"고 하였다. 이는 바
로 건강이야말로 인생 최대의 행복이고 고래(古來)로 인간의 행
복은 그 병약(病弱)보다도 큰 것이 없었다는 명언이다.

3) 피부가 아름다운 사람이 심신도 건강하다(면견오색)

피부를 내장의 거울 또는 건강의 거울이라고 하는 말이 있다. 내
장의 기능과 건강상태가 피부에 나타난다는 뜻이다. 사람의 건강
에 있어서 내장이 중요하지 피부는 내장을 감싸고 있는 겉가죽에
불과하기 때문에 대수롭지 않다고 생각하는 것은 큰 잘못이다. 내
장이 튼튼하면 피부가 건강하고 피부를 튼튼하게 단련시키면 내장
의 기능이 건강하게 되는 상호의존의 관계에 있다. 얼굴에 윤기가
돌고 혈색이 좋은 분을 만났을 때 '피부가 좋으십니다' 라고 덕담
을 하는 뜻이 바로 건강하다는 의미가 되는 것이 아니겠는가? 사
람의 건강상태를 진찰할 때에 얼굴을 보아 안색을 살펴보는 것을
"망진"이라고 하는데 매우 중요한 진찰법의 하나이다. 얼굴빛이
나타내는 징후로는 간장 기능이 나빠지면 겉으로 나타나서 안색이
푸르게 되며 신경질이 되어 성을 잘 내게 된다. 심장 기능의 허약
은 얼굴이 붉게 나타나며 잘 웃는다. 폐가 약하면 얼굴이 창백하
게 되며 재채기를 잘 한다. 신장 기능이 약해지면 (성 기능 쇠약

 아름다운 살결 보존과 소나무

과 함께) 얼굴이 검어지고 겁이 많고 하품을 잘한다. 얼굴 피부가 이와 같이 내장의 기능과 관계가 있을 뿐만 아니라 정신상태와도 깊은 관계가 있다. 정신이 발달하면 피부 영양도 좋아서 예뻐지고 반대로 정신이 불안하면 피부의 탄력과 광택이 없어진다. 정신작용에 의해서 피부의 지방과 수분의 분비가 감소되기 때문이다. 사람에 따라서는 가정이나 직장에서 기분 나쁜 일이 있으면 두드러기, 종기, 여드름 등이 생기는 경우가 있다. 여자의 경우 남편과의 사이가 원만치 못하여 질투심이 불타면 두드러기가 생기고, 속된 말로 얼굴이 썩는다. 이런 이치를 안다면 얼굴에 바르는 화장품도 필요하겠지만 얼굴이 붉으락푸르락 하지 않는 마음의 화장도 필요하지 않을까 생각해 본다.

5. 피부와 영양

1) 먹는 음식에 따라 피부가 달라진다

흔히 무엇을 먹어야 피부가 건강하고 희게 되며 반짝 반짝 윤이 나는가를 물어오는 사람들이 있을 것이다. 또 피부병과 연관지어 어떠한 식품을 먹으면 안 되는가 하고 물어오는 사람도 우리 주위에는 많이 있다. 이런 질문을 받을 때마다 난감하다. 식품을 전공한 사람으로서 의사의 처방을 내릴 수 없기 때문이다. 다만 금기식보다는 우리가 평소 먹는 음식은 편식에 의존할 것이 아니라 골고루 잘 먹는 것이 좋다고 말해준다. 그러나 피부질환이든 어떠한 질환이든 잘못 섭취하면 그 질환을 악화시키는 경우가 있다는 것이다. 그래서 의사의 처방은 중요한 것이다.

아름다운 피부는 화장을 하지 않아도 아름답고 윤기 있는 피부라 할 수 있는데 이렇게 되려면 영양상태가 좋은 것을 전제로 한다. 즉 균형 잡힌 영양식은 피부뿐 아니라 전신건강의 바로미터인 것이다. 그런데 이 식이요법이 잘못 알려져 무엇이 좋다고 하면 다른 것은 다 제쳐두고 그것만 먹어대고 또 다른 좋은 것이 없나 하며 영양만 찾아다니는 경우를 흔히 보아 왔다. 아무리 좋은 식품이라도 그것 한 가지로 전신 영양이 개선되지는 않으며 유행을 타는 식품이나 약품은 그 효용을 믿을 수 없는 것이다. 마늘이 정력에 좋다는 기사가 신문에 나니까 그것만 찾아 먹는 어처구니없는 광경을 많이 보아왔을 것이다. 그러나 마늘을 빈속에 먹으면 위 점막을 해치며 과도한 섭취는 배설하는 데 힘이나 들지, 결코 좋은 것은 아니다. 이것은 전신영양이 좋은 상태에서 골고루 먹는 중에 같이 먹되 조금만 먹으라는 뜻이지 그것만 먹으라는 뜻이 아니다. 마찬가지로 음식을 골고루 먹어야지 34종 이상의 영양성분을 섭취할 수가 있고 피부세포를 구성할 수 있는 필수 불가결한 재료가 되어 피부를 탄력 있고 아름다운 모습으로 만들 수 있다는 것이다. 그래서 우리에게 영양식만이 피부뿐 아니라 전신건강을 준다는 것이다. 그러나 수면을 방해하는 식품류와 알코올이 함유된 식품, 담배, 유익보다 무익을 주는 인스턴트식품 등은 섭취하는 것을 피해야 한다. 따라서 피부미용에 만능인 식품은 없으며 다만 편식을 지양하고 많은 음식을 골고루 섭취하는 것만이 건강과 아름다움을 지킬 수 있는 것이다.

2) 피부와 비타민과의 관계

사람들의 건강에는 질적 양적으로 모두 충분한 영양이 필요하듯 깨끗하고 건강한 피부를 유지하기 위해서도 영양은 참으로 중요한 역할을 하고 있다. 그렇지만 피부에 문제가 생기면 그 원인을 찾아서 문제 해결을 하는 게 아니라 외부적인 손질만 하게 된다. 균형 잡힌 영양섭취를 위해서는 편식을 하지 말아야 하며 식사에 대한 올바른 지식과 올바른 식습관도 중요하다. 그럼 피부와 가장 관계가 깊은 비타민에 대하여 알아보면 다음과 같다.

1. 비타민 A: 표피대사의 중요한 역할을 하며 부족하면 각질이 두껍게 되며 피부가 건조하고 푸석푸석해진다. 또한 세균에 감염되기 쉬우며 여드름도 생기게 된다.
2. 비타민 D: 식사로써 체내에 들어갈 뿐 아니라 자외선을 받으면 표면에서 만들어져 흡수가 된다. 주로 뼈의 발육이 된다.
3. 비타민 E: 대단히 중요하며 젊어지는 비타민이라고도 하며 호르몬의 생성, 임신 등의 생식기능과 밀접한 관계가 있다. 비타민 E의 부족 시에는 노화피부와 건조한 피부 냉증이 심하고 피부가 튼다.
4. 비타민 B_1: 다른 비타민의 작용이나 당질의 대사에 작용을 한다. 간접적으로는 피부의 대사작용, 부족하면 각기와 변비가 된다.
5. 비타민 B_2: 미용비타민이라고 할 만큼 소중하다. 몸 전체의 기능을 순조롭게 작용시켜 피부를 생기 있게 하고 혈액순환을 좋게 한다. 피부의 염증을 예방하고 피부나 입술을 윤택

하게 하며 맑은 눈을 만든다. 부족 시에는 일광에 예민한 반응을 일으켜 피부가 바로 달아오르거나 가려움을 느낀다. 또한 살갗이 푸석푸석해지면 세균에 감염되기 쉬우며 특히 입 주위에 가려움과 습진을 일으키게 된다.

6. 비타민 C: 모세혈관과 치아조직 결합에 필요하며 철분의 흡수와 아미노산의 대사에 발효한다. 미용상 색소침착에 효과가 있기 때문에 예방이나 치료에 쓰인다. 피부에 대해서는 색을 희게 하거나 젊은 피부를 유지하기 위해 필요하다. 또한 피부를 검게 하는 멜라닌 색소의 생성을 억제하기도 하며 탄력을 유지시켜주는 콜라겐의 생성을 도와준다. 부족 시에는 피부나 점막에 출혈이 심해진다. 그리고 색소침착 등 각화증, 과민증에 트러블을 일으키기 쉽다.

이상과 같이 비타민을 충분히 섭취하였을 때 몸이 건강해지니 피부도 건강해진다. 피부를 아름답게 하기 위해서는 자신의 건강이 기본이 된다는 것을 알고 내적인 건강만이 바로 피부의 영양과 연관이 된다는 사실을 알아야 한다.

6. 자율신경과 미용

기미나 검버섯은 피로할 때에 나타나며 몸의 상태에 따라 간장기능이 좋아지면 엷게 된다. 이들은 몸의 자율신경의 실조(失調)가 큰 원인으로 되어 있는바 자율신경이란 몸 내장기관의 움직임에서부터 호르몬의 분비 조절, 다시 미용에 절대적인 피부 구석구석을 지배하고 있는 과정 방식의 신경계로 얼굴이 뜨거워진다, 달아오른다, 식은땀이 나며, 불면증이 있고 머리가 항상 무거우며, 무기력해지고, 목 어깨가 뻐근하며, 설사가 자주 오는 등의 증세를 의학적으론 자율신경실조증(自律神經失調症)이라 한다. 보통 신경이란 우리가 늘 생각하고 있는 지각(知覺)신경과 운동신경을 말함인데 우리 몸을 지배하고 있는 중요한 신경은 자율신경이다. 이 자율신경은 한 마디로 말해서 교감신경과 부교감신경으로 나누어지는데 위험한 순간, 동공(瞳孔)이 확대된다거나 심장이 빨리 뛰는 일, 혈압이 상승하는 따위는 교감신경의 움직임이 강하게 작용하는 것이다.

이와 반대로 잠들 때 동공이 축소되고, 심장이 차분히 움직이며, 산소나 영양분보급을 위해 역으로 소화기 활동은 활발하여 영양흡수가 촉진되는 일은 부교감신경의 작용이 강한 상태인 것이다. 이와 같이 자율신경이 밸런스가 맞게 잘 일하고 있을 때 정상적인 건강체를 유지할 수가 있다. 그러나 자율신경의 실조는 마음 쓰임과 관련이 된다는 것이다. 마음이란 우리의 중추신경을 담당하고 있는 뇌의 작용이라 할 때 자율신경의 실조는 마음 쓰임과 깊이 맺어져 있다.

다시 말해 뇌의 조직을 볼 때 지적활동도 희로애락(喜怒哀樂)의 본능도 이에 수반하여 빨리 움직이기도 하고, 기능이 정상적으로 일하기도 하며 자율신경은 우리가 의식적으로 노력을 하지 않아도 심장을 움직이고 있으며 소화흡수 작용의 일도 하며, 불필요한 것은 몸 밖으로 내보내는 장치로 되어 있다. 그러므로 자율신경의 실조 상태를 치료 회복시켜야 건강보장 및 미용에 좋다는 것이다.

7. 피부 기능장해(皮膚 機能障害)

피부 기능장해의 그 근본은 피부를 지나치게 감싸는 데서 온다. 즉 두껍게 껴입는 습관이다. 여름 동안은 기후가 덥기 때문에 누구나 엷게 입지만 여름이 지나고 서늘한 바람이 불게 되면 곧 옷을 지나치게 두껍게 입어 피부를 감싸는 것이다. 이것은 여름 동안에 발한(發汗)하여 수분, 염분 및 비타민C를 잃고 이것이 적당히 보급되어 있지 않기 때문에 수분의 상실은 혈액 중에 구아니진을 퇴적시켜 요독증(尿毒症)의 원인을 만들고 염분의 부족은 발의 신경염에서 발의 고장을 일으키고 비타민 C의 부족은 피하출혈을 일으켜 치조농루(齒槽膿漏)에서 괴혈병으로 발전한다. 발의 고장은 신체의 여러 곳에 고장을 일으켜 이 때문에 미열(微熱)이 나서 한기(寒氣)를 느끼게 되니까 일찍부터 여러 가지 두꺼운 옷을 껴입고 피부를 공기에 노출시키는 기회가 적게 되니까 피부가 약해지고 자연히 두껍게 입는 습관이 붙게 되는 것이다. 그래서 피부의 건강은 될 수 있는 대로 피부를 공기에 노출시키는 것이다. 조금 더운 날에 두껍게 입을 경우 발한(發汗)되기 쉬워 이 때문에 수분, 염분 및 비타민 C를 소실하게 되는 것이다. 그러므로 엷게 입지 않으면 안 된다. 따라서 두껍게 입던 사람이 갑자기 엷게 입을 수가 없으니 엷게 입을 수 있도록 훈련이 필요하다.

Ⅲ 피부 관리 대하여

1. 피부관리와 필요성

1) 피부관리란

Skin care 어원은 'Masso'라는 그리스어에서 유래되어 오늘날 'Massage'라는 말로 명명되었으며 인체 조직의 기능 회복을 위해 신체를 마찰하거나 두드리거나 주무르는 행위를 의미한다. Skin care는 손이나 기기를 사용하여 물리적인 자극을 통해 인체의 기능을 회복시키거나 지속시키기 위한 행위로 대개의 경우 화장품을 바르고 동작을 실시하는 것을 말한다.

2) 피부관리가 왜 필요한가?

피부가 고우면 백 가지 흉을 감춘다는 말이 있다. 선천적으로 아름다운 이목구비를 지녔다 해도 고운 피부를 가지지 못한다면 아름다움이 눈에 띄지 않는 반면 얼굴 생김은 평범해도 유난히 하얗고 고운 피부를 가졌다면 스포트라이트를 받게 된다. 뿐만 아니라 아름다운 피부를 가진 사람은 성품도 고와 보이고 삶의 과정 또한 예뻐 보인다. 특히 사람의 첫인상은 때로는 그 사람의 인생을 좌우할 만큼 큰 느낌을 줄 때도 있다. 희고 탄력 있는, 깨끗한 피부는 미인의 필수적인 조건으로서 진정한 미녀, 미남들은 피부로 나타나며 피부가 깔끔하지 못하면 날씬하고 잘 빠진 몸매를 가졌어도 호감을 주지 못한다. 아름다운 피부의 조건을 말하라고 한다면 그 요소들은 피부 결이 곱고 모공이 작으며 잡티나 여드름 같은 자국이 없는 것을 들 수 있으며 특히 투명하고 하얀 피부는 여성미의 극치라 해도 과언 아니다. 사실 예쁜 사람은 그만큼 자신에게 많은 시간과 노력을 투자한다고 할 수 있다. 문제는 이러한 시간과 노력의 투자가 엉뚱한 방향으로 흘러갈 때이고, 무수한 정보들이 넘쳐나는 만큼 확인되지 않은 정보나 어설픈 정보 혹은 잘못된 정보들이 유출되어 있으며 이러한 정보들을 미처 확인하지 못한 채 용기 있게 시험한 결과 더 나쁜 결과를 초래한 사례도 흔히 있기 때문에 구전과, 확인되지 않은 정보는 절대 믿어서도 안 된다.

3) 피부 건강 관리 방법

우리 피부는 계절, 환경, 생리적 요인, 스트레스, 나이 등에 아주 민감하게 반응하며 이러한 원인 등에 의해 피부에는 여러 유형의 트러블이 나타나다. 건조증, 피지분비 과잉예민성, 조기 노화 칙칙함 등 거울을 볼 때마다 스트레스까지 가중된다. 따라서 피부도 건강을 유지하기 위해서는 항상 필요한 영양공급, 불필요한 노폐물 제거, 피부 근육이완을 막기 위한 마사지 등으로 얼굴 형태변화를 최소화하고 피부 문제점을 예방 관리해야 한다. 따라서 트러블을 예방하는 피부 건강 체크포인트로는 첫째, 내장기관의 이상 유무를 점검하여야 한다. 위장이 나쁘다든가 신장이 이상이 있다든가 하면 바로 피부로 나타난다. 위장이 나쁘면 영양의 흡수가 제대로 이루어지지 않고 신장이 나쁘면 피 속에 유해물질이 떠돌아다니기 때문에 그 결과 피부에 악영향이 나타나는 것이다. 둘째, 혈액순환이 잘 되어야 한다. 영양분이 몸 전체에 골고루 퍼지기 위해서는 혈액순환이 잘 되어야 한다. 만일 혈액순환에 이상이 있다면 곧 바로 피부의 기능저하가 나타나는 것이다. 셋째, 규칙적으로 충분한 영양섭취를 해야 한다. 피부는 살아있는 유기체다. 피부가 정상적인 활동을 하기 위해서는 균형 잡힌 식사가 중요하다. 무리한 다이어트는 피부의 무서운 적이므로 충분한 영양섭취야말로 건강한 피부를 위한 기본이다.

4) 화장 잘 받는 피부는 건강하게 관리한 피부

화장을 하다보면 피부 표면이 까칠까칠해져 화장품이 잘 받지 않는
경우가 있다. 그 이유는 평소 피부관리를 소홀히 해 죽은 각질이
누적돼 있는 데다 스트레스를 많이 받거나 수면부족으로 인해 피의
순행에 차질을 가져왔기 때문이다. 혈액순환이 원활하지 못하면 피
부 세포는 제 기능을 다하지 못하게 되고 특히 밤에 화장을 지워주
지 않으면 숨을 쉬워야 할 피부가 호흡을 못하게 돼 아침에는 결국
기진맥진하게 되는 것이다. 또한 피부에 주름이 많거나 모공이 넓어
도 화장이 잘 받지 않는다. 20세 전후에는 영양크림 없이도 화장이
척척 잘 받으며 화장을 지우지 않고 잠을 자도 피부는 끄덕 없다.
그 이유인즉 묵은 각질이 없기 때문이다. 따라서 화장을 잘 받는 피
부를 만들려면 화장이 붙어 있어야 할 각질층을 늘 깨끗하고 청결
하게 하는 것이 중요하다.

5) 아름다운 피부관리 5단계

화장수란 스킨, 로션과 같은 기초화장품을 말하며 화장수란 이름은
일본식이고 우리나라 고유어로는 '미안수'라고 한다. '미안수'는 피부
를 부드럽고 윤기 있게 하고 또 그것으로 화장을 마무리한다. 여성
이라면 누구나 부드러운 피부를 갖고 싶어 하는데 얼굴의 피부를 정
상(normal), 지성(oily), 건성(dry), 그리고 혼합(combination)
의 네 가지 피부 타입으로 분류하여 관리하고 있는데 대개 사춘기가
지나면 위의 네 가지 피부타입으로 자리를 잡게 되지만 20대, 30대,

40대를 지나면서 환경의 변화, 잘못된 피부손질, 내분비계의 변화 등으로 피부 타입의 변화가 생긴다. 특히 30대가 지나면 적어도 1년 내지 6개월에 한 번은 자기의 피부타입을 점검, 피부를 관리하여야 하고 중년기는 노화의 출발이기 때문에 세심한 피부관리가 필요하다. 아름다움의 대명사로 불리는 '양귀비'는 역사에 남을 만큼 훌륭한 미모와 옥 같은 피부, 풍만한 육체를 가졌다고 전해진다. 하지만 타고난 미모만큼 자신을 가꾸고자 하는 열의는 궁궐 안에 이백여 명이나 되는 미용 전담 요원을 두었을 정도라고 하니 놀라지 않을 수 없다. 여성이면 양귀비처럼 하지는 못할망정 언제나 싱싱하고 매끄러운 피부를 갖기 위해서는 다음과 같은 단계를 이행해야 한다.

- **클렌징** : 피부를 가꾸기 위한 첫 단계로 얼굴의 모든 더러운 것을 아주 깨끗하게 씻어내는 클렌징이다. 피지, 먼지, 땀, 여러 가지 공해물질을 깨끗이 씻어내 원래의 얼굴 피부로 돌아가야 한다.

- **자　극** : 깨끗이 정돈된 피부에 진피층의 모세혈관의 혈액순환을 활발하게 만들어 신선한 산소, 영양분을 피부에 공급하고 노폐물을 배출시키는 것으로 마사지, 사우나, 목욕, 팩 등이 있다.

- **조　정** : 세수와 팩 등으로 자극을 받는 얼굴 피부에 크림과 팩의 찌꺼기가 남아 있고 acid mantel이 씻겨 나가고 땀구멍은 열려 있는 상태이므로 토닝 제품을 사용하여 땀구멍을 좁혀주어 피부가 매끄럽고 탄탄하게 해주고 원래의 pH로 조정해 주어 메이크업을 잘 받도록 기초를 다진다.

- **보　습** : 환경과 신체의 대사 변화로 피부가 건조하게 되면 인위적으로 수분을 공급하기 위해 보습제를 사용해야 한다. 보습제는 피부상태를 조절하고 주름살을 막아내며 촉촉하게 만들어 수분

부족으로 생길 수 있는 여러 가지 문제를 미리 예방해 준다. 보습의 단계는 피부 가꾸기와 관리의 가장 중요한 위치를 차지하고 있기 때문에 피부관리의 성공여부는 적절한 보습제 사용에 달려있다.

- 보 호: 피부의 탈수현상과 공해 물질로 오염되는 것, 주름살지게 하는 햇빛의 침투를 차단하는 것 등 피부를 보호할 수 있는 모든 것을 말한다.

2. 타입별 피부

피부 타입은 변할 수 있다. 피부 타입의 판정은 세안 후 아무것도 바르지 않은 상태에서 두 시간 이상 경과 후 피부의 수분량, 피지량, 피부산도를 측정하여 얻는 수치를 종합 분석하여 이루어진다. 이런 수치들은 온도와 습도에 민감하여 기후와 계절에 따라 변하며 그 외에도 몸의 컨디션이나 연령 등이 변수로 작용한다.

1) 나의 피부는

피부는 피부타입과 피부상태로 분석할 수 있으며 피부타입은 다시 건성, 중성, 지성으로 나누어진다.

 아름다운 살결 보존과 소나무

① - 건성피부(Dry skin)

우리나라 여성들이 가장 많이 호소하는 피부상태이다. 평소에는 정상피부를 가졌던 사람이 나이가 들어감에 따라 피지분비가 줄어 건성으로 바뀌는 경우가 있다. 또한 계절의 변화로 온도가 떨어짐에 따라 피부의 피지분비도 같이 저하된다.

② - 중성피부(Normal skin)

의외로 자신의 피부가 정상(중성)이라는 사람을 찾기가 쉽지 않다. 실제로 중성피부를 가진 사람들도 자신의 피부가 건성이라고 말하는 사람이 대부분이다. 이는 세안 후에 피부 당김(알칼리성의 폼클렌징이나 비누 사용 후에는 누구에게나 나타나는 현상)을 건성피부로 착각하는 경우다. 정상피부라면 누구나 건조한 U-zone과 기름기가 있는 T-zone이 존재한다. 사람에 따라 또 계절에 따라 더 건조해질 수도 있고 지성으로 더 흐를 수도 있는 것이다.

③ - 지성피부(Dily skin)

나이가 들어서도 잔주름이 별로 없다는 장점을 지니고 있다. 피부에서 항상 천연의 영양크림이 졸졸 나오기 때문이다. 그러나 단점이라면 피부 트러블이 잘 일어날 수 있다는 점이다.

2) 노화피부(Asing skin)

피부에 탄력이 없어지고 피지 분비의 감소로 점차로 건조해진다.

3) 민감피부(Sensitive)

자신의 피부가 민감성이라고 주장하는 사람들 중에 실제로 민감한 피부를 가진 사람은 30%에 불과하며 정상피부를 가진 사람이 일시적으로 민감 피부로 바뀌는 경우가 있다. 이것은 화장품회사의 상술과 민감한 피부를 가져야 여자 피부답다는 착각에서 오는 피부

4) 여드름피부(Acne)

피부표면의 무수한 모공이 막혀서 일어나는 일종의 염증으로 피지선에서 만들어진 피지가 털구멍을 통해 피부 표면으로 분비되고 여기에 먼지가 달라붙어 응고되어 털구멍을 완전히 막아 버렸을 때 털구멍 내에는 피지가 쌓이고 부풀기 시작한다. 이 상태에서 염증이 일어나면 여드름이 되는 것이다.

5) 탈수피부(Dehydrated)

흔히 건성피부로 오인되는 피부상태, 건성피부가 피부에 유분이 부족한 데 비해 탈수피부는 수분이 부족한 경우다. 지성피부를 가진 사람이 어느 날 갑자기 자신의 피부가 건성으로 변했다고 하는 사람은 십중팔구 탈수피부가 된 것이다.

 아름다운 살결 보존과 소나무

6) 문제성 피부

외부의 물리적 자극이나 물질들에 대하여 민감한 반응을 하는 피부 타입이다. 민감한 피부에는 물리적인 자극을 피하여야 한다. 피부질환을 잘 일으키며 화학적, 물리적인 반응에 민감하다. 홍피증이나 모세혈관 확장 피부가 많고 외관상 모세혈관이 보이며 면포 같은 염증의 현상도 나타난다.

① -급성반응

알레르기를 일으키는 물질을 알러젠(allergen)이라 하는데 급성반응은 알러젠(allergen)이 피부에 닿은 후 몇 초 또는 몇 분 이내에 일어나는 것을 말한다. 급성반응은 빠르게 일어나기 때문에 원인이 되는 알러젠(allergen)이 무엇인지 알아내기 쉽고 원인이 되는 물체가 피부에 접하게 되면 항체가 형성되어 피부 세포 내에 혈액순환의 변화를 일으킬 수 있는 성분이 생기도록 하는데 이러한 변화로 피부가 가렵고 붉어지고 반점 등이 생기게 된다. 알레르기 반응을 막기 위해서는 원인이 되는 물질을 피하는 것이 최선의 방법이다.

② -만성반응

보통 자신의 피부에 맞지 않는 화장품을 발라 일어나는 알레르기 반응은 거의 모두 만성반응이며 이것을 접촉성 피부염이라고도 한다. 피부의 발진은 약간 핑크 색을 띠는 상태에서부터 가렵고 좁쌀만 한 반점, 접촉한 부분 전부를 덮는 붉은 반점 등 여러 가지이며 가려움을 동반하는 경우가 많다. 발진 상태가 심하면 작은 수포가 생기기도 하고 곪기도 하는데 접촉성 피부염은 접촉하지 않은 피부 부위에는 발진이 생기지 않는 것이 특징이다. 만성반응을 일으키는 여성 중에 특히 부신피질 호르몬 연고제를 사용하는 사람이 많은데 이는 피부에 내성이 생길 수도 있고 부작용도 심각하다고 한다.

3. 연령별 피부관리

젊은 피부는 아름답다. 그 어떤 과학기술로도 아직 젊은 피부의 건강한 아름다움과 탄력을 재현시킬 수 없는 것은 물론 그 어떤 화장술로도 감히 흉내낼 수조차 없다. 아무 것도 바르지 않아도 맑고 투명하면서도 부드러운 탄력을 가진 젊은 피부의 아름다움. 분명 이것은 조물주가 인간에게, 특히 여성에게 하사한 최고의 선물이 아닌가 한다. 우리는 흔히 고운 피부의 신선한 아름다움을 갖가지 미사여구(美辭麗句)로 표현한다. 유리그릇이나 백자의 치밀한 결과 매끄러움, 비단의 부드러움과 찰떡반죽의 탄력 그리고 흰눈의 빛깔 등등……. 그러나 그 어떤 표현도 젊은 피부의 아름다움을 충분히 묘사했다고 보긴 어렵다. 그러나 표현이 미치지 못하는 안타까움보다 더욱 안타깝고 아쉬운 것은 우리에게 선물하는 기간이 너무 짧은 것이다. 여성 피부는 25세라는 아름다움의 터닝 포인트에 서서 노화를 향해 가기 때문에 아름다움을 향유할 수 있는 시간은 아주 짧은 것이다. 그러므로 미리부터 세심한 주의를 기울여 피부를 가꾼다면 노화를 다소 지연시킬 수 있고

 아름다운 살결 보존과 소나무

깨끗한 피부를 가질 수 있다는 것이다. 피부주기는 28일, 28일간 잘 관리하면 피부는 새롭게 태어난다. 피부는 세포 재생에서 각질층까지 올라오는 14일과 각질층이 돼서 내부조직을 보호하는 14일 이렇게 28일 주기로 순환, 이 기간을 잘 관리하면 아름다운 피부를 가질 수 있다. 이러한 아름다운 피부를 갖고 싶어 하는 것이 모든 여성의 공통된 소망……, 그러나 나이에 따라 관심사나 고민은 서로 다르다. 모든 여성들에게 공통적으로 찾아오는 것이 웃을 때마다 깊어지는 눈가 주름과 코 옆 팔자주름, 점점 탄력을 잃어 처지는 피부, 이것이 피부 노화를 나타내는 척도다. 요즘은 지나친 다이어트, 환경오염, 스트레스 등으로 좋은 피부를 갖기 위한 조건이 열악해지더라도 건강하고 아름다운 피부를 갖기 위한 관심이 지대하다. 피부에는 모공크기나 피부색 등과 같이 선천적으로 타고난 유전적 요인이 작용하기도 하지만 생활습관이 더 큰 영향을 미친다. 피부를 망치게 하는 주범은 자외선, 그리고 음주, 흡연, 스트레스 등이다. 따라서 40대 이후에 깨끗한 피부를 유지하기 위해서는 40대 당시에 피부관리를 하는 것도 중요하지만 10대, 20대 시절에 어떻게 피부를 관리하고 유지해 왔는지가 더 중요하다. 그러므로 연령에 따라 변화하는 피부타입을 알아볼 필요가 있지 않을까 생각해본다.

1) 10대

피부가 성호르몬의 영향을 받게 되면서 변화하기 시작한다. 남성은 남성호르몬의 영향으로 남자다움이 나타나게 되고 여성은 여성호르몬인 에스트로겐에 의해 살결이 고와지고 매끄러운 피부가 된다. 반면 입시, 불규칙한 식생활 등의 요인들이 스트레스를 가중시켜 호르몬분비가 왕성함으로 피지분비를 촉진시킴으로써 여드름과 뾰루지 등이 생긴다. 일주일에 한두 번 피부 청정효과가 뛰어난 팩 등으로 하는 피부손질이 필요하다. 다시 말하면 10대는 사춘기를 맞는 연령으로서 피부는 성호르몬의 영향을 받아 변화하기 시작한다. 성호르몬의 균형이 무너져 남성호르몬이 피지선의 움직임을 활발하게 하므로 여드름이 나기 쉬운 지성피부로 변한다. 따라서 관리는 철저한 세안 중심의 손질과 꾸준하고 규칙적인 손질이 요구된다. 아침저녁으로 미용비누나 폼클렌징 제품을 사용해 충분히 거품을 내어 부드럽게 세안하여 피지분비가 많아 번들거리기 쉬운 피부는 특별히 세심하게 닦아준다. 특히 T존 부위인 이마, 코, 턱은 꺼칠꺼칠하고 검은 점(블랙헤드)이 있는 경우 그 부분을 부드럽게 세안하고 부분 팩을 해 모공을 막히게 하는 피지가 쌓이지 않도록 한다. 화장품은 유분이 많지 않는 기능성 제품을 미안수(화장수)와 로션 위주로 사용해야 한다.

2) 20대

피부는 사춘기에서 25세에 이르는 동안 가장 아름답고 건강한 상태이다. 피부상태가 비교적 안정적이지만 계절이나 건강상태에 따라서 지성 혹은 건성피부로 변하기 쉽다고 한다. 특히 피부는 20세를 넘어서면서 노화하기 시작해 25세부터는 잔주름이 본격적으로 생긴다고 한다. 그러기 때문에 부위별 주름살 관리는 20대부터 시작해야 한다. 피부 탄력을 죄 우 하는 진피층에 위치한 콜라겐과 엘라스틴이라는 그물조직이 조금씩 붕괴되기 때문에 탄력이 저하되고 주름, 늘어짐이 생긴다. 건조해지거나 영양상태가 좋지 않을 때 붕괴속도는 더욱 빨라진다. 자외선 노출이 잦고 일상생활의 스트레스가 높아질수록 움직임이 많은 눈가와 입가 주변 주름의 골이 깊어지게 마련이다. 특히 신선한 가을 날씨만 믿고 야외활동을 무심코 즐겼다가 여름 내내 공들여 가꾼 피부를 망치게 되는 경우가 많다. 이미 생긴 잔주름을 없애기란 무척 힘든다. 피부노화 초기인 20대 때부터 미리미리 관리를 해줘야 탱탱하고 팽팽한 피부를 유지할 수 있다고 경험자들은 말하고 있다. 따라서 눈가 피부는 한 선이나 피지선이 발달되어 있지 않아 수분과 유 분을 충분하게 공급해줘야 눈가 주름이 안 생긴다. 25세정도가 되면 다른 부위의 피부보다 눈가는 혈액순환이 원활하지 못하므로 칙칙해 보여 나이가 더 들어 보일 수 있기 때문에 얇고 민감한 눈 주위에 알맞게 만들어진 아이크림을 사용하는 것이 좋다. 그리고 입가 주름은 주름이 생기기 쉬운 곳이나 가장 무관심 한 곳이다. 말을 하거나 음식을 씹을 때, 표정을 지을 때마다 입 주위의 근육은 끊임 없이 움직인다. 흡연도 빼놓을 수 없는 잔주름의 적이다. 따라서 마사지와 피부청정효과가 있는 자연 팩을 이용하는 것을 습관화하는 것도 눈, 입가의 주름 예방에 아주 좋으며 유 수분의 밸런스 유지와 피부를 보호해야 한다. 때문에 이 나이에는 보습이 중요하다. 하루에 물 여덟 잔과 신선한 과일, 채소는 피부에 주는 보약이다.

3) 30대

피부 결이 거칠어지고 피부색도 칙칙해지며 기미, 주근깨 등의 피부 트러블이 본격적으로 나타나기 시작한다. 특히 눈가와 입 주위의 잔주름이 두드러진다. 특히 눈가와 입 주위 잔주름이 두드러진다. 그리고 피부 기능이 서서히 둔화되어 피부 거칢과 트러블이 많아지고 건성피부로 변화하기 쉽다. 햇빛으로 인해 피부가 얼룩얼룩해지며 뾰루지나 발진이 생기고 새로운 피부의 생성이 늦어져 주름이 생기고 피부 결이 매끄럽지 못한다. 이제부터는 피부 손질 여부에 따라서 외관상 피부 연령의 차이가 현저하게 나타나는 시기로 자신도 모르게 주름이 생기기도 한다. 세안 후 당김이 심하고 탄력과 윤기가 없다. 화장이 잘 받지 않고 눈가와 입가에 잔주름이 잡힌다. 그리고 30대 후반에는 피부가 처지고 모공이 커지며 주름이 두드러진다. 관리방법으로는 피부보습, 피부보호, 피부세포 활성에 노력을 기울어야 한다. 촉촉하고 윤기 있는 피부를 위해서는 피부에 수분을 공급하고 환경오염과 화장품 등의 각종 피부 자극을 방어해 주어야 하며 피부세포를 활성화하기 위해서는 각질제거 효능이 뛰어난 팩 등의 제품으로 손질을 꾸준히 해야 한다. 또한 충분한 수면과 영양을 공급해 주어야 한다. 신진대사가 둔화되는 시기이므로 혈액순환을 촉진하는 마사지를 매일 생활화하고 팩은 일주일에 1-2회하며 피부 기능을 활성화하고 피부에 탄력을 준다. 피부 당김을 많이 느끼는 사람은 기초 손질 시 에센스 사용을 일상화하여 유·수분을 보충하고 각질층의 수분이 부족하지 않도록 완충 화장수를 듬뿍 발라준다. 또한 수분을 공급하고 수분 밸런스를 이상적으로 유지시켜 주는 수분 공급 크림을 바르고 자외선 차단제를 꼭 발라주어야 한다. 피부 세포를 활성화하기 위해서는 각질제거 효능이 뛰어난 제품으로 아침저녁 꾸준히 손질해 주는 것이 좋다.

 아름다운 살결 보존과 소나무

4) 40대

피부는 노화현상이 연령과 함께 두드러지게 나타난다. 또 호르몬 분비가 눈에 띄게 저하되고 피부의 기능 또한 급격히 떨어진다. 피부 늘어짐, 검버섯, 기미, 심한 건조, 거칢이 생기는 등 노화현상이 두드러진다. 또한 건조한 피부는 40대 이후 피부 특징 중의 하나로 세포의 재생이 50% 가까이 둔해지고 있다. 피부가 점점 더 얇아지고, 수분을 덜 함유하기 때문이다. 이른 사람은 40대 후반에 폐경기를 맞이하는데 폐경기 이후 피지분비의 감소와 더불어 피부는 더욱 건조해진다. 피부에 촉촉함과 윤기가 없고 부분적으로 하얀 각질이 일고 버짐이 생기기도 한다. 각질이 두꺼워져서 투명함이 사라지고 활기가 없어 보이며 잡티가 눈에 띄고 피부 거칢이 느껴진다. 나이가 들면서 세포 재생이 더디어짐에 따라 피부 스스로는 빨리 재생할 수 없게 되어 주름이 깊어지며 수년에 걸친 자외선에의 노출과 호르몬의 변화가 얼룩을 만들고 피부 톤이 고르지 못하다. 따라서 피부노화 및 주름예방을 위해 미백효과가 우수한 에센스제품과 팩으로 피부청정을 한다면 신선하고 젊은 피부가 빨리빨리 나와 젊고 싱그러운 피부가 지속적으로 유지된다. 이 시기는 20대보다 각질층에서 세포 교체주기가 두 배로 늦어지기 때문에 40대 이후에는 아무리 좋은 화장품이라도 단시간에 효과를 기대하기 힘들므로 더 이상의 노화가 생기지 않도록 지속적으로 손질하면서 하루하루를 여유 있게 보내어야 한다. 특히 화장은 전체적으로 화사한 느낌의 은은한 화장이 바람직하며 소외감에서 오는 정신적 스트레스를 떨쳐 버리고 자기만의 시간을 갖도록 노력해야 한다.

5) 50대 이후

폐경기와 갱년기를 맞으면서 노화의 모든 증상이 나타나는 나이로
피부를 구성하는 단백질인 콜라겐이 폐경 이후 5년 간 매년 30%
씩 줄어들어 눈 밑이 처지고 목 피부가 늘어지기도 한다. 탄력을
잃을 뿐 아니라 검버섯, 붉은 점 등이 생기는 것도 커다란 고민이
다. 콜라겐 성분이 함유된 화장품을 사용하고 피부 보습에도 신경
을 써야 한다.

4. 계절별 피부관리

1) 봄

봄은 날씨의 변덕으로 신체 리듬이 깨져 피부가 불안정한 상태가
되기 쉬운 계절이다. 이 계절은 모든 삼라만상의 동, 식물의 생명
이 새롭게 눈뜨는 시기이며 사람 피부도 새로이 눈을 뜨게 된다
는 것이다. 겨울에 외부로부터 체온을 빼앗기기 때문에 거의 닫혀
있던 땀샘이 본격적으로 활동이 시작되면서 땀구멍과 기름샘이 열
리게 되고 그러면서 땀과 기름이 활발하게 배출되는데 봄에는 바
람과 꽃가루 등 먼지에 피부가 노출되기 쉬워 환경적인 요인으로
피부가 거칠어질 수 있어 피부 불안정에 세심한 주의가 필요하다.
특히 봄에는 피지의 분비량이 늘어나기 때문에 대기 중의 오염물

 아름다운 살결 보존과 소나무

질이나 세균 따위가 피지에 섞여서 피부 트러블을 많이 만든다.
그러므로 봄에는 연약한 피부를 보호하기 위해서 무엇보다 청결에
신경을 써야 한다. 그러므로 세안 시에는 자신에게 맞는, 자극이
미미한 천연비누를 사용해 미지근한 물로 세안하는 것이 중요하
다. 또 봄볕은 의외로 따갑기에 기미와 주근깨가 생기기 쉽기에
자외선 차단은 필수적이다. 우리 속담에 "며느리는 봄볕에 내보내
고 딸은 가을볕에 내보낸다."라는 속담과 같이 봄볕이 그만큼 여
성들의 피부에 나쁘다는 것이다.

2) 여 름

사람들은 누구나 여름이면 산이나 파도가 출렁이는 바다나 강을
찾아 떠납니다. 그리고 햇볕에 벌겋게 그을린 피부를 징표라도 되
듯 집에 올 때 챙겨 가지고 온다. 이것은 곧 태양이 피부에 많은
자극을 주어 피부를 상하게 하였다는 무서운 표시이다. 햇볕은 피
부를 쉽게 노화시키고 피부의 탄력성을 떨어트리며 심하면 피부암
까지 유발하게 된다. 또 여름에는 덥기 때문에 체온조절을 위해 땀
이 많이 흐르는 것은 자연스런 현상이나 이 땀은 피지 막의 균형을
깨트리고 이 균형이 깨지므로 피부가 세균에 대한 저항력이 약화
된다. 땀에 젖은 피부는 세균의 온상이 되므로 바로 땀을 씻어내는
것이 좋다. 그리고 젖은 타 올을 냉장고에 넣어 차게 한 후 냉찜질
을 한다면 모공 수축효과와 피부의 늘어짐을 예방할 수 있다.

3) 가 을

가을철 피부는 여름철에 남긴 후유증과 찬바람에 매우 건조하고
민감해지며 피부가 부석부석해 진다. 기온이 내려가면 피부의 수
분함량이 10%이하로 떨어지게 되어 피부기능도 저하되기 마련이
다. 땀의 분비도 줄어들고 수분을 유지하는 피지 분량도 감소되어
피부가 거칠고 건조하게 된다. 여름내 강한 자외선으로 인해 두터
운 각질이 일어나면서 피부노화촉진, 잔주름이 많아지게 되며 피
부가 당기며 투명감 없이 칙칙해지는 등 피부가 가장 악화되기
쉬운 계절이다. 따라서 보습효과를 높여주어야 한다.

4) 겨 울

공기가 건조해 정상피부를 가진 사람도 겨울 찬바람과 자극에 의
해 건조한 피부로 변해버리기 쉽고 약간의 자극에도 민감한 반응
을 보인다. 피부가 메마르고 하얀 각질이 일어나기 마련이며 얼굴
이 당기고 주름까지 생기기 쉬우니 겨울철 피부관리에 각별히 신
경을 써야 한다. 겨울철에는 대기가 차가워지고 건조하므로 신진
대사가 많이 위축되고 피부건조가 많이 발생한다. 피부는 건조하
고 부위별로 트임이 발생할 수도 있다. 따라서 겨울에는 피부에
보습과 피부 신진대사에 중점을 두어야 한다.

5. 촉촉한 살결의 비결

피부는 살아있는 생물체로 호흡을 하고 있다. 피부표면을 잘 보면 몸 안에서 쓰고 남은 찌꺼기와 수분에 녹아있는 수용성대사산물(水溶性代謝産物 - 염분과 암모니아 등)을 밖으로 배출하는 땀구멍과 몸 안에서 나온 기름에 녹기 쉬운 지용성대사산물(脂溶性代謝産物)을 배출하는 모공(毛空 - 털구멍 - 기름기를 피부표면으로 끊임없이 분비시킴)의 두 종류가 있다. 피부의 수분과 기름기가 섞여있는 정도는 사람과 계절, 연령에 따라 여러모로 변화하는 바 기름기가 많은 피부는 콜드크림성인 피지막(皮脂膜 - 피지선에서 분비되는 반유동성 유상油狀의 물질) 성분으로 지방성이며 수분이 많은 피부는 수분이 증발하기 쉬우므로 건성(乾性 - 공기 중에서 쉽사리 건조되는 성질)이 되어 베니싱크리임(지방분이 적은 크림)의 상태로서 기름기와 수분의 배합이 같은 피부를 이상적인 중성피부라 한다. 이와 같은 피부들을 가장 이상적인 피부로 이룩하는 데는 자율신경이 정상적으로 작용해 호르몬 분비가 순조롭게 됨이 가장 중요한 일이다.

인간의 신체는 항상 일정한 조화를 가지고 균형된 상태를 유지하려는 움직임(恒常性保持機能)이 있어 호르몬은 몸의 상태에 따라 늘기도 하고 줄기도 하며 또는 다른 호르몬의 작용을 촉진도 하고 억제도 하면서 끊임없이 몸 전체의 균형을 유지시키고 있다. 호르몬 분비 량을 조절하는 일은 뇌 속에 있는 시상(視床 - 간뇌의 대부분을 차지하는 큰 회백질의 덩어리로 지각계통의 대 중심을 이룸)하부(下部)라 불리 우는 기관으로 이곳에서 몸 여러 곳의 상태와 실체 몸 안에서 어떻게 호르몬이 움직이고 있는가를 정확히 포착하여 다음은 어떤 호르몬을 어느 정도 분비하면 좋을까 을 결정하여 지령을 내려준다. 이 지령은 뇌하수체를 경유하여 갑상선이나 생식선에 전하며 성호르몬을 분비한다. 최근의 연구에 따르면 각종 호르몬을 만들어 내는 내분비세포와 신경세포는 형제관계로 되어 있어 잠재적으로는 같은 기능을 갖고 있다는 설도 있을 정도로 호르몬과 심리와의 상호관계를 중시하고 있다. 그렇다면 이들 호르몬이 피부에 대하여 어떠한 작용을 미치며 인간의 심리면은 여하히 살결에 영향을 주고 있는 것일까?

1) 촉촉한 살결을 만드는 호르몬의 작용

인간이 남녀라는 뚜렷한 변화를 일으키는 것은 부신피질 호르몬과 성호르몬인바 특히 남성호르몬은 피부에 깊은 관계를 갖고 있다. 남성호르몬은 보다 남성다움을 강조하는 호르몬인데 남녀 다 같이 분비하는 바, 여성은 난소에서 분비시키는 난포(卵胞)호르몬의 양이 많아 남성호르몬과는 역으로 일을 하기 때문에 점점 여성 다와진다. 남성호르몬은 피지선을 크게 하여 피지(피지선에서 분비되는 반 유동성 유상의 물질)분비물을 왕성하게 하는데 대하여 난포 호르몬은 피지선을 적게 하며 피지의 분비를 저하시키는 일을 하고 있다. 그래서 남성의 피부는 기름기를 느끼게 하는 피부로 되어 있으며 난포호르몬은 남성호르몬을 억제하므로 여성의 피부는 매끌매끌한 편이다. 또 남성호르몬은 음모)陰毛)나 겨드랑이 털을 잘 자라게 하는데 대하여 여성호르몬은 모공을 좁게 하는 일을 하고 있어 여성에게는 솜털이 많은 편이다. 이렇게 2개의 호르몬이 이상적으로 균형을 이루며 분비하고 있기 때문에 남성은 남성답게 여성은 여성답게 된다. 그런데 자율신경이 조화를 깨뜨려 때로는 이 성호르몬이 균형에서 벗어나 살결에 이상을 초래해 여드름의 원인이 된다. 남성호르몬이 피지분비를 왕성 화 할 때 모공이 좁아

 아름다운 살결 보존과 소나무

몸 밖으로 나갈 수 없어 피지서 내에 머물게 되면 지방산으로 변해 염증이나 균이 곪아서 고름이 생기는 상태가 여드름인 것이다. 연애를 하거나 결혼을 해도 여드름이 잘 나는 경우는 여성호르몬의 분비가 왕성해져 여드름의 원인이 되는 남성호르몬의 작용을 저하시키기 때문일 것이다. 한편 월경 전에 여드름이 악화되기 쉬움은 배란 전후에는 하루 약600㎎이나 분비되는 여성호르몬이 월경 직전에는 100㎎쯤으로 줄기 때문이다. 여성이 갱년기에 다다르면 다시 남성호르몬이 많아져 여드름이 나는 것을 볼 때 호르몬의 분비는 연령, 환경, 심리에 따라 호르몬 분비의 미묘한 변화를 일으켜 피부의 생리가 날로 변화하고 있음을 알게 된다. 따라서 촉촉한 살결을 만드는 6대 요점으로는 다음과 같다.

* 자율신경의 균형을 깨뜨리지 말아야 한다.

자율신경의 균형이 깨져 어울러 지면 몸 여러 부분에 악영향이 미쳐 자율신경실조증에 걸려 피부조직의 여러 가지 아름다움을 잃게 되어 피부에 있어 가장 큰 위기가 되므로 자율신경의 균형을 잘 유지해야 한다.

* 살 갗은 항상 깨끗이 하여야 한다.

살결을 촉촉하게 하는 역할을 갖는 피지선도, 물기와 기름기가 섞여서 촉촉해 있으므로 특히 지방성(性)인 사람은 피지선이라는 천연크림에 세균이나 먼지 따위가 뭉쳐지면 호흡작용의 지장으로 모세혈관이 오므라져 혈액순환이 나빠지게 된다. 비누로 씻어내면 좋지만 이는 동시에 피지선까지 씻겨버린다. 20대전후의 젊은이라면 비누로 씻어도 30분만되면 새로운 피지선이 천연크림의 살결로 되돌아오지만 25세만 지나도 그렇게 잘은 되지 않는다. 세면 후 그대로 방치해두면 도리어 잔주름이 생기고 살결이 거칠어지는 원인이 되기도 한다.

* 세면은 이렇게 하여야 한다.

세면은 단순히 청결만을 위한 일이 아니고 살결이 곱고 흰 얼굴을 갖기 위한 기초이다. 그러므로 25세가 넘은 장년부터는 될 수 있는 한 적은 양의 비누로 주의를 기울여 빠른 시간 내에 끝내야 함이 주요점이다.

* 세면 후에는 이점을 주의해야 한다.

비누는 알칼리성이니 만큼 세면 후에는 산성인 화장수로 씻어냄이 상식이다. 단 아스트린젠트(명반, 황산의 수용액에 글리세린, 알코올을 섞은 미안수(화장수))나 가아마닝 같은 로-숀은 살결을 건조하게 하는 일을 하므로 가을에서 겨울에 이르는 건조기에는 사용을 삼가야 한다.

* 화장시간은 짧게 해야 한다.

화장용 분 종류는 유성이나 수성에 관계없이 모두 살결을 건조시키는 성질을 갖고 있다. 그러므로 화장을 하면 반드시 살결이 건조된다는 것을 염두에 두고 평소에 살결에 맞는 유액(乳液)과 크림 등이 충분히 갖추어져 있도록 하여야 한다.

* 음식물에도 주의해야 한다.

피지의 성분 중 60%나 차지하고 있는 중성지방은 피부의 표면에

 아름다운 살결 보존과 소나무

나와 있는데 동물성지방(식육류, 유제품)을 너무 많이 섭취하면 지방산에 자극을 받아 여드름이 나는 원인으로 된다. 그러므로 비타민C를 포함하고 있는 신선한 야채를 많이 먹어야 한다.

6. 생기 있는 살결을 만들려면

살결이 아름답고 빛나게 보일 때 그것은 알맞게 촉촉한 얼굴에 아침 햇살처럼 화사하고 보드랍고 생기 있는 상태일 것이다. 잔주름도 없어 느슨해 보이지 않는 살결, 그것은 젊음의 바로미터이며 어떻게 하면 언제까지나 생기 나는 젊디젊은 살결을 보존할 수 있을까? 그 첫째조건은 표피의 신진대사가 순조로울 것, 둘째는 체액의 흐름이 순조로울 것, 셋째는 적당한 피하지방이 갖추어져 있을 것. 이상이 그 3대 조건으로 다음과 같이 설명할 수가 있다.

*** 표피의 신진대사가 순조로워야 한다는 말은**

표피는 4주간의 주기로서 변화하고 있다. 표피는 외측으로부터 각질층(角質層), 투명층, 과립층(顆粒層), 유자층(有刺層), 기저층(基底層)의 순으로 이루어져 있는데 이 기저층의 세포는 항시 번창하게 분열하여 보다 새로운 세포를 늘리고 있다. 이 새로운 세포는 외측의 낡은 세포를 밀어 올리면서 자신도 노화도어가 나중에는 가장 외측의 각질층 표피가 되어 탈락하고 만다. 이 기간이 약 4주간이다. 이렇게 탄생하고 → 노화되고 → 탈락의 리듬이 일정한 주기로 흐트러짐이 없이 행하여지는 일이 피부의 생기를 만들고

있는 것이다. 표피의 밑에는 진피가 있다. 진피는 1㎠당 600만의
세포로 되어 있으며 진피는 거의 선유질(線維質)의 튼튼한 층으로
여러 영양이 보급되어 있어 활기찬 살결을 이룩하고 있다.

*** 체액의 흐름이 순조로워야 한다.**

체액이란 혈액이나 임파액을 말함인데 이들의 조직액이 넉넉하게
피부조직에 미치지 못하면 기저세포의 분열도 촉진되지 않고 진피
의 기질도 영양부족이 된다. 그러면 선유도 젊음을 지탱할 수 없
고 살결의 생기도 자연 잃게 된다. 그런데 팩이나 마사지를 한 직
후에는 잔주름이 감추어지지만 이는 일시적인 현상일 뿐이다. 어
쨌든 피부에 대하여는 좋은 자극이요 짧은 시간이지만 진피까지
수분을 공급했음은 나쁜 일은 아니다.

*** 적당한 피하지방이 갖추어져 있어야 한다.**

지나치게 살이 찐 과잉된 피하지방은 별 문제로 하고 여자다운
여성의 아름다운 곡선을 만들어 내는 일은 피하지방이다. 생기가
도는데 적당한 피하지방의 양은 개인차가 있어 한마디로 말하기
어렵지만 표준체중보다는 좀 넘치더라도 생기 돋는 살결을 갖고
있는 것이 바람직하지 무리를 해가며 말라 야위어서 살결의 생기
를 잃음은 바른 일이 아니다. 피부세포는 각양각색의 복잡한 성분
으로 이루어져 있으나 그 중에서 가장 중요한 것이 단백질이다.
또 피부의 세포를 활발하게 하기 위한 에너지는 지방이나 당질에
서 보급된다. 적당한 피하지방을 만들기 위해서는 식사문제를 잘
연구해서 전신상태가 완전하도록 하여야 한다.

 아름다운 살결 보존과 소나무

7. 건강한 살결의 색(빛깔)을 만들려면

인간은 대체로 흰 살결을 가지고 싶어하는데 왜 살결이 검은 사람도 있는 것일까? 그것은 멜라닌(동물의 피부에 있는 검정, 갈색 따위의 색소) 때문이다. 멜라닌색소는 몸의 방위작용으로 생리적인 필요에 의해 만들어지는 표피에 있는 멜라사일이라는 색소 형성세포로 만들어진다. 이 멜라닌색소는 표피의 기저세포에 흡수되어 차례로 생기고 변하여 노화되어 탈락되면 검은 피부도 흰 피부로 되돌아가야 하는데 각기 그 사람의 건강상태나 노화현상에 따라 필요치 않은데도 소멸되어 사라지지 않는 색소가 있다. 이는 말할 나위도 없이 멜라닌색소가 특정장소에 응어리가 되어 남아 있는 것이다. 이 멜라닌색소를 만들어내는 가장 큰 원인은 일광, 특히 그 중의 자외선이다. 이 자외선은 색조형성세포를 자극하여 멜라닌색소를 만듦으로 피부를 의복으로 가린다거나 모자를 써서 직사광선을 피하는 방법밖에는 없다. 그러나 그렇게 한다 해도 반사광선을 막을 수는 없다. 흰 살결을 갖기 위해서는 햇볕을 쪼이지 않으면 되지만 또 그럴 수는 없다. 자외선은 피부의 기능을 높여 주며 피돌기나 신진대사를 활발히 하는 일도 있고 피부에서 비타민D를 만드는 중요한 일을 하기 때문이다. 자외선 외에 멜라닌색소를 증가시키는 것에는 색소 형성세포 자극 호르몬이라 하는 뇌하수체에서 나오는 호르몬이 있다. 또 여성호르몬 즉 난포호르몬과 황체호르몬도 같은 일을 하고 있다. 임신 중의 여성 80%가 검버섯이 나거나 유두(乳頭)가 까맣게 되는 따위도 이 때문이다. 스트레스도 멜라닌색소를 이상하게 불리는 원인이다. 그러므로 온몸의 양호한 건강상태를 반영한 피돌기가 좋은 살결을 건강한 색조를 가진 피부라 할 수 있다.

8. 땀 많은 피부는 탄력을 잃기 쉽다

여름철에 땀을 흘리면 땀과 함께 피부 표면에 있는 기름도 따라 흐르게 된다. 따라서 피부 표면은 자연히 기름과 땀으로 막을 만들어 피부에 나쁜 영향을 주게 된다는 것이다. 여기에다 기름기 많은 크림이나 로션을 바르고 또 파운데이션을 바르면 피부는 숨을 쉴 수도 없고 땀구멍이 막혀 땀띠나 여드름이 나게 마련이다. 따라서 여름에는 짙은 화장을 피해야 하고 서늘한 계절에는 짙은 화장은 가능하다. 특히 유난히 땀을 많이 흘리는 사람이 있다. 운동을 조금만 해도 땀을 흘리고 더운 음식을 먹을 때도 옷을 흥건히 적시는 사람이 있다. 그러나 갑자기 땀을 많이 흘리는 사람은 건강에 이상 신호로 간주되니 병원에서 진찰이 요한다. 여하튼 병적이 아니고 선천적으로 땀을 많이 흘리는 사람은 맵고 뜨거운 음식을 피해야 한다. 그래야 땀을 적게 흘릴 수 있기 때문이다. 손발에 나는 땀은 더위와 아무런 관계없이 정상적인 긴장 때문에 나는 땀이다. 몹시 놀라거나 공포에 질린 상태를 '손에 땀을 쥐게 한다.'고 표현하는데 이것은 바로 정신적인 건강이 손발에 땀을 나게 한다는 것을 설명한 말이다. 손발에 땀이 많이 나면 습진이나 무좀을 일으키므로 정신적인 긴장이나 감정의 동요를 막는 스스로의 노력이 필요하다. 그러기 위해서는 차분한 마음가짐과 규칙적인 운동으로 감정의 순화를 계속 꾀하는 게 좋다.

땀흘린 피부를 그대로 내버려두면 늘어지거나 탄력이 없어지기 쉽다. 땀이 많이 흘리고 나면 땀구멍이 열릴 대로 열린 다음 다시 오므라드는 힘이 약해지기 때문에 땀구멍이 충분히 오므라들 수 있게 적절히 손질을 해줘야 한다. 이 때 좋은 방법은 얼음을 가재수건에 싸서 가볍게 문질러 준다. 가벼운 어름 마사지는 땀구멍이 오므라들게 해 피부가 한결 탄력 있게 보인다. 아무리 건강한 사람이라도 더운 날씨에는 체온을 축적시키는 합성섬유로 만

든 옷은 피해야 하며 땀을 잘 빨아드리는 면으로 된 옷이 좋다

9. 피부의 적 주름살을 갖지 않으려면

1) 주름이란?

20세 전후 서서히 진행되는 것으로 피부 진피층의 콜라겐 감소와 엘라스틴이라는 탄력섬유의 탄성이 줄면서 피부 표면에 생기는 골을 의미하며 모든 여성들을 거울 앞에서 울상 짓게 만드는 주범이다. 이러한 주름살도 자세히 들여다보면 부위에 따라 약간씩 모양이 다르다. 피부 자체의 노화로 생기는 잔주름 외에도 표정의 변화에 따라 피부가 접혀 생기는 깊은 주름, 중력 때문에 밑으로 쳐지며 생기는 주름들이 있으며 각각의 원인과 생긴 부위 주름의 깊이에 따라 관리에 신경을 쓰지 않으면 안 된다. 개개인의 상태에 따라 차이가 있을 수 있지만 대체적으로 20대부터 시작되는 잔주름은 각종 박피가 효과적이라고 한다. 그러나 부위에 따라 전문가와 상의해서 관리하도록 해야 한다.

2) 잔주름에 대하여

여성의 적이라 할 수 있는 이 잔주름은 나이가 들어감에 따라 주

름이 불어남은 사람으로서 피할 수 없는 숙명이다. 주름이 생기는 것은 몸의 활력 즉 신진대사의 기능이 쇠퇴되어 표피의 탄력을 보전하는 진피에 영양분의 보급 또한 줄어들면 표피가 자연히 노쇠해져 표면에 있는 흠이 주름으로 되거나 피부가 노화되면서 진피 상층의 콜라겐 및 진피 성분이 퇴행되면서 탄력성이 줄어들어 발생된다. 바꿔 말하면 몸의 활력이 넘쳐흐르고 언제나 생기가 있어 젊디젊은 리듬만 지니고 있다면 연령에 관계없이 주름이 생기지 않는다. 그러면 어찌하면 주름이 생기지 않는 피부를 만들 수 있을까?

첫째로 평온한 마음을 가져야 한다. 마음이 초조하여 안달한다거나 바늘에 찔리듯 따끔따끔한 신경을 쓰고 있으면 피부의 말단 신경이 끊임없는 자극을 받아 피부는 노화를 서두르게 된다. 역으로 기쁘고 즐거우며 만족과 안심이 있는 정서는 피부면도 밝게 피어나가 따뜻하고 평온하며 느슨한 감각이 든다. 이렇게 정서가 육체에 큰 영향을 줌은 모두 자율신경이 중립을 지키고 있음이다. 자율신경의 균형이 깨지면 소화기관의 기능도 저하되어 피지를 분비시키는 성호르몬이 쇠퇴하여 세포에 영양성분이나 산소를 보내는 혈액이 더러워지고 모세혈관의 피 돌림이 나빠지는 등의 모든 일이 주름의 원인이다.

둘째로 무리한 다이어트는 말아야 한다. 살을 빼고 몸의 내부에서 피하지방을 흡수도 하고 배출하면 주름이 생기는 곳이 역으로 생생하게 젊어져 주름이 살아진다. 그런데 일반적으로 무리하게 부담이 오는 감량 법을 쓰는 데서 주름의 원인이 되므로 갑작스럽게 체중을 줄이는 일이 없도록 해야 한다.

셋째로 강한 자외선이나 심한 추위와 건조상태는 살결을 다치는 원인이다. 또 화장품의 문제, 수면시간문제, 세면의 문제 등도 주름의 원인으로 모두 피부의 생리기능을 부수고 있다는 점에서 공통이 되고 있다. 따라서 탈지력이 약한 세안제를 사용하고 보습력을 항상 유지시켜 주어야 한다.

넷째로 담배도 잔주름을 늘리고 있다. 담배를 피우지 않는 사람보다 흡연자가 주름이 많음은 담배에 숨어있는 니코틴이 혈액의 흐름을 나쁘게 한다. 이는 일산화탄소가 산소보다도 혈액을 잘 흡수하기 때문이다. 즉 만성 산소 결핍상태로 들어가면 피부에 가는 영양 보급이 저하되어 살결의 생기를 앗아가 주름이 불어난다.

주름의 유형에는 피부의 수분함량이 줄어들면서 생기는 가성주름과 부분적인 피하지방의 감소에 의해서 생기는 일시적인 주름으로 이는 피부관리를 어떻게 하느냐에 따라 회복 가능성이 높다. 그러나 진피에 있는 탄력섬유와 교원섬유 등이 파괴되거나 변성되어 나타나는 진성 주름은 피부 조직 자체가 변화된 주름이기 때문에 관리를 조금만 소홀히 해도 굵은 주름이 되어 버린다.

3) 주름의 원인

주름은 단순히 피부 노화 때문에 발생하는 것은 아니다. 주름의 발생에는 여러 가지 요인이 복합적으로 작용한다. 특히 주름의 나이가 빨라지는 데는 오존층 파괴로 인한 자외선의 증가, 늘어나는 여성 흡연, 몸짱 열풍에 따른 무리한 다이어트가 주된 원인이라고 한다.

첫째, 주름은 피부노화와 관계되어 발생한다.

이는 피부가 노화되면서 진피 상층의 콜라겐 및 진피 성분이 퇴행되면서 탄력성이 줄어들어 발생한다. 피하지방이 일부 흡수되어 주름을 더욱 악화시킨다. 눈 밑 잔주름이 대표적인 예이다.

둘째, 주름은 지구가 당기어서(지구의 중력) 발생한다.

이는 피부를 늘어지게 하는 주원인이다. 위 눈꺼풀과 눈 아래가 주머니처럼 처지며 양 볼이 내려오는 것이다.

셋째, 주름은 얼굴의 표정과 관계가 있다.

피부 밑에 있는 근육이 주기적으로 수축함에 따라 나타나는 주름이다. 본래 이 주름은 어린이에게도 있으나 나이가 들면서 피부가 노화되고 피하지방이 위축되면서 눈에 두드러지는 주름이다. 대부분의 깊은 주름이 이에 해당된다고 한다. 이마, 미간, 콧등, 눈가, 입과 코 주위, 그리고 윗입술 등에 깊은 주름이 예이다.

넷째, 주름은 수면과 관계가 있다.

베개를 배고 자는 습관에 의해 주로 발생한다. 양쪽 귀 앞쪽과 귀 근처의 턱 부위에 발생하는 긴 주름들이다.

4) 주름의 종류

- 마른 주름: 피부 각질층이 건조할 때 일시적으로 생기는 주름
- 잔주름: 피부 겉 층의 노화나 자외선에 의한 주름
- 굵은 주름: 피하 지방층의 위축이나 분포 변화에 의한 주름
- 표정 주름: 반복적인 얼굴표정 근육의 운동에 의한 주름

5) 주름을 악화시키는 생활 습관 및 관리법

- 눈가 주름: 눈을 찡그릴 경우이며 이때는 눈가를 지압하고 이마와 눈을 마사지한다.
- 입가 주름: 스트레스
- 팔자 주름: 윗입술을 추켜올리는 습관

※ 입가 주름과 팔자 주름은 입술을 오므리지 않으며 세안 후 입가에도 아이크림을 발라준다. 또 "아에이오우"를 매일 10~20회 반복한다. 그리고 기초화장품을 바르면서 콧방울 옆과 치아와 잇몸 경계선 부위를 마사지한다.

- 잔주름: 세수할 때 손바닥을 위 아래로 힘을 줘서 비비는 것
- 미간 주름: 화를 많이 낼 경우
- 이마 주름: 나쁜 자세, 눈을 추켜 뜨는 습관

※ 미간주름과 이마주름은 주름의 반대 방향으로 꼬집어 주면서 지압 마사지하고 이마를 쓰다듬어 준다. 손가락의 압력을 이용한 두피마사지를 한다.

6) 주름살을 적게 가지려면

인간은 누구나 젊고 아름답게 오래 살기를 원한다. 젊다는 것은 넘치는 힘이나 지칠 줄 모르는 정력으로 상징되지만 힘과 정력이

넘쳐흘러도 주름은 피부에 먼저 나타나 늙고 추함을 숨길 수 없게 된다. 몸은 늙었으나 마음은 안 늙었다고 강변해도 얼굴에 나타난 나이테는 속일 수 없어 어차피 늙은이 대접받게 만드는 것이 주름이다. "오는 백발 가시로 막고 주름을 피해 다녔더니 주름과 백발이 제일 먼저 알고 지름길로 오더라"는 옛시인의 탄식조 시조도 있지만 인간의 생로병사(生老病死)의 두 번째 상징인 주름 없이 늙어 죽은 인간은 인류 역사상 없다. 시간은 인간을 늙게 하고 피부도 예외는 아니어서 20대 이후부터 피부는 옛날의 팽팽함과 매끄러움을 잃는다. 수많은 과학자들이 피부의 노화를 막아 보려 했으나 다소 늦출 수는 있었지만 근본적으로 늙지 않게는 못했고 주름살도 펴지 못했다. 주름이 특히 잘 생기는 부위는 아름다움의 제일 첫 관문인 얼굴이고 희로애락을 표현하는 표정이 수없이 거쳐가 피부는 접혀졌다 당겨졌다 되풀이한다. 이 같은 현상이 시간이 흐를수록 반복되면 피부에 탄력을 주는 콜라겐섬유조직의 탄력성이 감소되어 접혀진 채 펴지는데 시간이 걸리며 결국 홈을 파게 된다. 이것이 주름이 생기는 과정이다. 물론 가면같이 전혀 움직이지 않더라도 시간이 지나면 진피층에 있는 콜라겐이라는 교원섬유와 엘라스틴이라는 탄력섬유가 줄어들어 저절로 계곡이 생긴다. 이 피부의 노화를 늦게 하는 방법은 육체의 건강을 유지하여 신진대사를 좋게 하면 가능하다. 그러나 아무리 노력해도 여자 나이 30대가 넘어서면 목에는 목걸이를 건 흉터같이 패이고 눈 가장자리에서부터 잔주름이 생겨 지울 수 없는 선으로 고착되고 만다. 또 고민, 불안, 분노, 짜증, 초조감 같은 스트레스를 항상 받으면 표정이 찌푸려지고 피부 신진대사의 부조를 일으켜 피부노화의 일급 촉진제가 된다. 또 강한 햇볕과 바람, 춥고 더운

 아름다운 살결 보존과 소나무

기온의 변화가 피부에 자극을 주어 주름이 더욱 깊게 된다. 이 같은 여성 고민의 대명사인 주름을 없애는 방법은 없을까 해서 많은 노력을 한다. 먼저 주름이 생기면 짜증부터 낼게 아니라 진짜 주름인지 가성주름인지를 알아야 한다. 세월이 인간에게 주는 손님인 진짜주름은 어쩔 수 없이 생기기 때문에 육체의 건강과 음식의 섭생에 유의해서 늦추려고 노력해야하지만 잔주름이라고 불리는 가성주름은 일시적으로 생기는 만큼 없앨 수 있다. 병후 또는 심한 정신적 쇼크 후에 흔히 보이는 피부의 꺼칠꺼칠함과 주름은 피부의 수분함량이 줄어드는데 원인이 있기 때문에 외부로부터 수분을 보충해주고 혈액순환을 좋게 해주면 곧 펴진다. 신진대사가 나빠지면 기름샘과 땀샘의 기능이 떨어지고 각질의 탈락도 적어져 윤기를 잃은 피부가 되며 피부사이에 가느다란 계곡이 형성되는 것이다. 피부가 꺼칠꺼칠해 진다고 지방만 잔뜩 바르는 것은 도움이 안 되며 잔주름이 심하게 난 사람은 오히려 수분보충을 해주는 것이 피부를 윤기 있게 해주는 기름길인 것이다. 각질의 수분함량은 20-30%밖에 안 되지만 수분이 피부의 유연성과 탄력성을 유지시켜 준다. 이 수분이 진피층에서 올라오는 속도와 외부의 기후, 온도, 습도, 바람 등에 의해 증발되는 속도와 균형을 이루어야 피부는 항상성을 갖게 된다. 그러나 나이가 들수록 이 균형은 깨져 25세쯤 되면 이마나 눈 밑에 잔주름이 생기고 30새경에 눈고리에서 방사형으로 생기다가 40-50대에는 보기 싫은 영구적인 홈이 패이는 것이다. 같은 나이라도 피부 주름이 적고 많음은 체질적 원인이 큰 비중을 차지하나 평소 가꾸는 정성과 환경적 요인이 많이 작용한다. 편하고 영양 좋은 사람의 피부는 항상 웃고 있으며 생존경쟁에 시달려 스트레스에 부대끼고 영양이 좋지 못하면 각질층은 피부보호를 위해 두꺼워지고 멜라닌 활동도 증가함으로써 시꺼멓게 되는데 산이 높으면 계곡도 깊듯이 깊은 주름이 패이는 것은 자연현상이다. 이 주름이 안 생기게 할 수 없는 것은 조물주의 부산물이므로 될 수 있는 대로 적게 또는 늦출 수는 있어도 하나도 없이 할 수는 없기 때문에 꾸준한 피부관리가 중요하다. 따라서 피부영양이나 혈액순환을 좋게 하기 위한 건강한 체력관리와 피부에 보습효과가 뛰어난 팩 등을 이용하여 수분보충을 많이 해주어야 하며 자외선을 피하는 것이 좋고 규칙적인 생활과 균형 있는 식사로 건강을 유지해야 한다.

10. 어떤 때에 살결이 거칠어질까?

* 각질층의 수분이 부족할 때

피부의 표면에서는 끊임없이 수분이 증발하고 있다. 이 증발수분의 양을 피지에서 조절하고 있지만 어떤 원인으로 피지의 분비가 적어지면 수분은 점점 표피에서 도망가 살결에 필요한 양이 줄어들어 거친 살결이 되고 만다.

* 피지의 수분이 불균형일 때

피지 막의 성분, 지방과 물과의 균형이 깨질 때 거친 살결이 된다.

* **외부에서 자극이 아주 강할 때**

비누와 화장품이 체질에 맞지 않아 자극을 강하게 받게 되어도 거친 살결을 초래한다. 본래 피부는 땀에 들어 있는 유산과 피지에 들어 있는 지방산 때문에 약 산성 상태로 되어 있음이 정상이다. 그런데 여기에 비누 같은 알칼리성이 닿게 되면 산성도가 저하되어 거칠어진다.

* **피지 막이 더럽혀 졌을 때**

* **강렬한 더위와 추위를 만났을 때**

강한 자외선과 부딪치는 여름에는 직사광선에 대한 방어작용으로 각질(동물의 몸을 보호하는 비늘, 뿔, 털, 부리 등을 형성하는 물질)의 층이 두꺼워 졌다가 햇살이 약해지면 두꺼웠던 각질층이 다시 얇아질 때 거친 살결이 된다.

특히 겨울의 한기는 피부의 혈액순환이 원활하지 못하므로 여분의 체 열을 발산시키지 않기 위해 피지선이나 한선(汗腺)의 움직임도 약해져 기름기가 준 거친 살결이 된다.

* **내장이 고장이 났을 때**

* **합성세제나 물에서 일을 할 때**

* **화장품을 남용했을 때 등이다.**

11. 아름다운 고운 살결과 자외선

피부 노화를 방지하고 좋은 피부를 유지하기 위해 제일 중요한 것은 자외선을 피하는 것이다. 강렬한 일광은 우리 마음을 들뜨게 하는 반면 자외선(紫外線)은 몹시 신경을 쓰게 한다. 자외선은 담배만큼 백해무익한 존재라고 하나 우리 인체에서 자외선이 유익한 점도 있다. 다시 말해서 생리적, 화학적 작용 즉 자외선의 영향으로 피부 층에서 황화수소 물질은 그 환원 능력이 강화된다. 이러한 황화수소에서는 유기체내에서의 신체 자신의 물질인 호르몬, 효소, 비타민의 환원에 있어서 중요한 생리적 역학적 역할을 한다. 그러므로 자외선은 전신건강상태, 혈액, 순환계, 호흡기, 신진대사, 위, 창자, 효소, 호르몬계의 정상화 촉진은 물론 병의 치료에도 크게 기여한다. 비타민D의 합성, 즉 적당한 자외선의 영향은 진피 층의 혈액순환을 촉진시켜 피하지방에 들어 있는 프로비타민이 비타민D로 전환되어 항 구루병에 효과적이고 신생아(新生兒)의 황달(黃疸)의 치료에 유익하며 미용적 효과인 지루 피부, 건성피부, 혈액순환의 불량, 위축현상을 보이는 피부 등은 자외선을 쏘임이 중요하다. 피부의 신진대사와 에너지대사에 활력을 주어 건강하고 젊고, 탄력 있는 피부유지에 도움을 준다. 또한 자외선을 쬐면 박테리아를 박멸하는 작용이 있어 여드름, 습진, 지루증, 상처치유 등의 피부병에 유효한 살균효과가 있다. 그러나 이제는 사정이 좀 달라졌다. 이제 문명의 발달로 인한 부산물인 공해(公害)의 여러 가지 요소가 오존층을 파괴해 원색 그대로의 자외선이 지상으로 내려 쬐는 것이다. 그래서 잘못된 인식으로 여름바다에서 피부를 검게 태우는 것이 건강에 유익하며 건강에 넘치는 피부로 착각을 해 미국 중년층 여성들에게는 피부암이라는 대가를 받게 되었다는 것은 이미 알려진 사실이다. 다행히 우리나라 등의 유색인종들

 아름다운 살결 보존과 소나무

은 피부암에 대해 강하기 때문에 피부암은 그다지 발증 하지는 않았다. 그러나 광노화(光老化: 자외선에 의한 피부의 노화)가 생겨나 한참 젊은 나이에 마치 늙은이 같은 피부를 지니게 되기 일쑤였다. 다시 말해서 자외선을 과다하게 쪼이면 피부세포를 탈수시켜 건조하게 만들고 거칠게 하여 표피가 위축되거나 진피층의 결합섬유와 교원섬유가 변성이 되고 섬유조직의 생성저지로 피부가 탄력을 잃고 결국 주름이 지게 된다. 그러므로 자외선은 피부에 나쁘다는 것이다. 자외선을 쪼이면 피부의 홍반과 자극은 기본적인 현상이다. 홍반과 자극은 투상의 강도, 시간, 그리고 파장의 길이에 달려있고 또 개인적인 요소도 매우 중요하다. 피부상태(체질), 연령, 성별, 생리상태, 질병, 월경, 임신 등에 따라 차이가 있다. 표피의 맨 아래 기저층에 있는 멜라닌색소는 자외선이 기저층을 통과해 피부 속으로 침투하면 멜라닌색소 세포가 증가하고 프로멜라닌의 생성이 뚜렷해진다. 프로멜라닌은 산소조 내하에서 무색으로 프로멜라닌을 갈색멜라닌으로 전환시키므로 살갗이 검은색에 가깝게 보인다. 이렇게 늘어난 검은색 색소 때문에 피부가 검게 그을려 보이고 증가한 멜라닌색소는 회복되지 않으며 기미나 주근깨, 잡티 등으로 남게 된다. 또한 자외선은 피지선을 자극하여 피지분비를 늘리고 그 결과 모공 속의 죽은 세포나 세균, 먼지 등이 생겨나 모공을 막아 버린다. 또 따뜻한 피부의 온도로 인해 박테리아 성장을 더욱 촉진시켜 여드름 피부의 경우는 더욱 심한 화농성 여드름 피부를 유도한다. 이제 자외선 공포증을 아는 사람들은 UV(자외선)커트제가 등장하였으나 부작용이 수반되었고 그러다 보니 자외선을 차단한다는 명목아래 두터운 화장을 하는 것을 볼 수가 있었다. 임시방편은 될지 모르나 아름답고 싱싱한 피부를 은폐해 아름다움을 상실한다면 얼마나 안타까운 일인가. '여성은 임종을 맞았을 때 아름다운 얼굴로 죽어야 영원히 기억에 남을 것이다'라는 말이 있듯이 천혜의 선물을 두터운 화장으로 숨겨 버릴 것이 아니라 가볍게 포인트메이크 정도로 마무리짓고 화사하고 멋진 색깔과 파라솔(양산)정도로 찬란히 내려 쪼이는 일광을 가린다면 하는 생각이 든다. 그리고 영양섭취가 가장 중요하다. 햇빛에 탄 후 거칠어진 피부에 동물성 단백질이나 비타민 같은 것이 필요하고 고기, 생선, 어패류, 우유, 녹황색 야채, 과일 등을 충분히 섭취하도록 하고, 충분한 수면을 취하는 것도 중요하다. 요컨대 유해한 자외선이 원인이 되어 그 맑고 흰 피부가 손상되고 쉽게 늙어 버린다면 자연이 내려주신 여성의 특권인 아름다움을 포기하는 것이 아닐까 생각해 본다.

인체에 영향을 끼치는 자외선으로는 UVA(자외선A)와 UVB(자외선B)의 두 가지가 있다. UVA는 피부노화를 담당하며 UVB는 피부를 태우는 역할을 한다. SPF(Sun Protection Factor)는 자외선 중 UVB를, PA지수 (Protection Grade of UV)는 자외선 중 UVA를 차단하는 능력을 나타낸다. UVA는 피부를 태우지는 않지만 피부에 더 큰 손해를 끼친다. UVA는 주름뿐 만 아니라 피부처짐, 피부암 등을 유발할 수 있기 때문이다. 모든 자외선 차단제는 SPF지수가 쓰여 있으며 따라서 UVB로부터 피부를 보호한다. 하지만 자외선으로부터 피부를 완벽하게 보호하기 위해서는 UVA 차단지수(PA지수)도 있는지 체크해야 한다. 즉 UVA와 UVB 모두로부터 피부를 보호하도록 SPF와 PA지수가 함께 있는 제품을 선택해야 한다. 또 자외선은 고도가 높을수록 강해지므로 스키를 타거나 등산할 때는 더욱 자외선 차단에 신경을 써야 한다. 하루 중 오전 10시에서 오후 2시까지 자외선 양이 가장 많은 시간이므로 이 시간에 외출할 때는 더욱 주의해야 한다.

1) 자외선 차단지수 의미

자외선 차단크림을 살 때 보면 겉에 10, 15, 25, 30, 45 등의 숫자가 써있는 걸 볼 수 있는데 이것을 "자외선 차단지수"라 한다 그런데 이 크림을 살 때 자기에게 적합한 숫자가 어떤 건지 잘 몰라 그저 '센 거 주세요' 혹은 '좀 약한 걸로 주세요'라고 하든가 혹은 '어떨 것을 제일 많이 쓰나요?'라고 물어서 사는 사람이 많다는 것이다. 따라서 이 차단지수의 의미에 기본적으로 알아야 할 지식을 설명한다면

첫째, 아무것도 바르지 않은 맨 피부에 자외선을 쬐었을 때 피부에 변화가 오는 시간과 둘째, 자외선 차단 크림을 바른 후에 변화가 오기까지의 시간의 비(比)를 뜻한다.

그 예를 들면 맨 피부에 자외선을 받아서 한 10분 정도가 지나면 피부가 근질거리고 약간 화끈거리거나 빨개지는 변화가 오는 사람이 차단지수가 15인 크림을 바르게 되면 10 곱하기 15 즉 150분(2시간 30분)정도는 자외선을 차단시킬 수 있다는 의미가 된다. 따라서 이런 사람은 햇볕이 따가운 정오경에 외출한다고 할 때 15짜리 차단크림을 바른다면 오후 2시 30분 정도까지는 차단효과를 볼 수 있는 셈이다. 그런데 만일 외출시간이 길어져 오후 5시경까지 밖에 있어야 한다면 중간에 한번 정도는 차단크림을 발라야 하는 것이다. 피부가 너무 약하고 예민해서 햇볕에 한 5분만 노출돼도 금방 피부에 변화가 오는 사람이 10정도의 차단크림을 발랐다면 자외선 차단효과는 1시간도 안 되므로 더 자주 사용해야 한다. 결국 차단크림은 자신의 피부 예민도와 외출해서 자외선에 노출되는 예상시간에 따라 사용하는 것이지 그저 센거, 혹은 약한 거 하는 식으로 사서 쓰는 것이 아니다. 여기에 한 가지 더 고려할 것은 땀이나 물에 씻겨 나가므로 덧바르는 횟수를 조절해야 한다. 일반적으로 추천되는 차단지수는 15정도이며 햇빛이 강할 때

에는 25정도이고 여성의 경우 차단크림 위에 파운데이션을 덧바르
면 차단효과가 더 좋다.

12. 피부에 여러 종류의 염증을 일으킨
살결에 대하여

건강한 살결이란 항상 적도(適度)의 산성을 보유하고 있어 세균활동을 못하
게 하는데 있다. 그런데 어떤 형편으로 산도가 낮아지면 염증을 유발하여
습진, 검버섯 등이 나와 건강치 못한 이상이 있는 살결 상태로 된다. 살결
의 산성도가 떨어져 생기는 기미와 주근깨는 호르몬이 균형을 가져와 자외
선의 작용에 의한 멜라닌색소의 과잉으로 체력저하, 노화현상에 따른 회복
불능의 상태이다.

1) 검버섯

검버섯은 햇볕에 의한 일종의 노화현상으로써 표피세포와 멜라닌
색소가 특정 부위에 과다 침착 되는 것을 말한다. 이는 나이가 들
면서 피부의 회복능력과 방어능력이 떨어지기 때문에 생기며 따라
서 햇볕에 많이 노출되는 얼굴이나 팔에 잘 생기며 크기는 몇㎜
에서 몇㎝에 이르기까지 다양하다. 또 이 세월의 불청객은 단순하

게 피부가 검어지는데 그치는 것이 아니라 시간이 지나면서 밖으로 돌출되기도 하며 표면에 비듬 같은 것이 덮이기도 한다. 요즘에는 야외생활을 많이 하는 사람 중에 30대 후반부터 검버섯이 시작되는 사람들이 있어 환경오염에 의한 오존층 파괴의 여파가 현실로 나타나고 있다.

2) 주근깨

주근깨는 깨알 같은 반점이 얼굴, 목, 어깨 및 일광노출부위에 무수히 생기는 것인데 주근깨는 피부표피층에 분포하는 점의 일종으로 피부가 흰 서양인에게 더 많이 생긴다. 유전적 소인이 있어서 선천적으로 결정된다. 대개 초등학교 연령층에서 발생되어 사춘기로 갈수록 점점 더 많아지며 10-20대 여성에 흔하게 나타난다. 주근깨는 일광노출에 예민하여 봄과 여름에는 심하게 나타났다가 겨울철에는 아주 옅어지기도 한다. 주근깨는 햇빛을 받으면 자외선에 의해서 더욱 많아지고 검게 보이게 된다. 따라서 자외선 차단에 유의하는 등 평소 더욱 검어지지 않도록 예방하는 것이 더욱 중요하다.

3) 여드름

정의: 모낭 피지선 단위에 발생하는 염증성질환으로 정확한 원인은 알려져 있지 않으나 다양한 인자가 관여하며 여러 인자

의 상호작용으로 발생한다. 여드름은 사춘기에서 중년의 말기인 50대에서도 나타나는 대표적인 염증성 질환이다. 얼굴뿐 아니라 가슴, 등과 같은 피지선이 발달한 곳이면 어디든지 발생한다. 사춘기 때엔 남녀 모두 남성호르몬인 안드로겐 호르몬에 의해 피지선이 성숙되면서 피지선의 반응이 예민해져 피지 분비가 증가하고 이로 인해 모낭과 과각화증으로 모낭벽이 두꺼워진다. 이때 여드름균인 프로피오니·박테리움·아크네가 모낭에 집단을 형성하여 염증을 유발하는 것이다 또 여드름은 털을 감싸는 자루인 모포(毛包)에서 생기는데 모포 중에서도 지선성 모포(脂腺性 毛包)에서 발생한다. 이 모포는 도관에 의해 피부의 지방분을 생산하는 선(腺)에 연결되어 있다. 성인에서는 스트레스나 수면부족, 유분기 많은 화장, 유전적 요인, 생리와 임신, 기후 등의 여러 가지 요인이 관여하는 것으로 사료된다.

발생기전: 정확히 알려져 있지 않으나 크게 네 가지 원인 즉 피지분비의 증가, 모낭내의 이상각화, 여드름균(프로피오니·박테리움·아크네)의 증식, 염증 반응이 서로 복합적으로 작용하여 여드름이 생기는 것으로 알려져 있다. 이상각화에 의해 각질세포 생성이 증가하면서 모공이 막히고 안드로겐 호르몬에 의해 피지분비가 많아지고 각질과 피지가 함께 모낭 입구를 막으면 피지가 피부 표면으로 배출되지 못하고 모낭 내에 정체된다. 이때 모낭 내의 여드름균(프로피오니·박테리움·아크네)이 증식하여 피지의 지방분을 분해해서 유리 지방산을 만들어 내게 되고 이것이 모낭벽을 직접 자극하고 여드름 균에 의해 분비된 여러 효소의

아름다운 살결 보존과 소나무

작용으로 염증이 유발된다. 이런 일련의 과정으로 여드름이 발생한다.

* 여드름균인 프로피오니·박테리움·아크네는 여드름에 염증이 생기게 하는 균이다. 이 균은 털구멍이 막혀 피지의 분비가 잘 이뤄지지 않는 상태 즉 여드름이 발생하면 재빨리 등장해서 모여 산다. 모처럼 살기 좋은 환경에 모여 살면서 비장의 무기인 피지분해 효소로 피지를 유리 지방산으로 분해하는데 이것이 털주머니를 자극해서 염증을 만드는 등 피부에 치명타를 주는 것이다. 특히 이 균은 직접 염증을 일으키지 않고 염증세포를 끌어 모으는 성분을 분비해서 염증을 일으키는 특징이 있다.

병변의 종류: 여드름 병변은 가장 기본적인 면포를 비롯하여 구진, 농포, 낭포, 결절 등이 있다. 기본 병변인 면포는 모낭 상피의 과 각화로 인하여 모낭이 막히고 이로 인해 각질과 피지가 정체 된 것이며 점차 염증이 생긴 경우 구진, 농포, 낭포, 결절 등으로 발전한다. 심하지 않은 초기 병변은 면포이지만 좀더 심해지는 경우 농포와 구진으로 발전하며 중증에서는 낭포성 병변이 발생한다.

면포: (개방면포) =피지가 피부표면으로 올라와 끝이 까맣게 변한 여드름

(폐쇄면포) =피지가 피부표면으로 빠져 나오지 못한 흰색의 여드름

구진: 면포에 염증이 생기면서 붉게 변한 단계

농포: 손으로 눌러 짜고 싶은 충동을 느낄 만큼 잘 익은 고름 주

머니가 보이는 단계

낭포: 피부 속으로 염증을 동반하여 커지고 붉어진 여드름

결절: 크고 깊으며 속으로 단단하게 만져지는 여드름

* 오직 면포상태의 여드름만이 짠 후 자국이나 흉터가 남지 않고 이미 붉어진 염증 상태의 여드름은 손으로 눌러 짜면 십중팔구 심한 자국, 흉터를 남긴다. 물론 표면 상태의 여드름도 더러운 손으로 마구 눌러 짠다면 오히려 곪아서 자국이나 흉터를 남기는 경우도 많다.

한의학적 소견으로는 이러한 피부의 상태가 되는 체질은 소화기 기능이 비교적 떨어지는 소음인 체질이 많다고 한다. 소화 장관에서 수분의 재흡수와 배설을 충분히 시키지 못하는 체질이기에 내분비의 기능도 좋지 않아 남성호르몬 분비에도 영향을 미친다. 특히 월경 전후에 여드름 증상의 증감이 있는 체질들은 대개 소음인 체질이 많다. 따라서 여드름인 경우에는 모포에서 발생하는 국소적인 면만 치중해서는 치료가 어려운 경우가 많다. 피부는 오장육부의 상태가 발현하는 장소이므로 여드름 같은 질환은 여러 가지 다양한 요인이 복합적으로 작용하여 나타난다. 소화기관의 장애로 인한 변비나 소화불량 그리고 정신적인 스트레스 등도 그 원인이 된다. 오장육부의 기능이 저하된 상태에서 얼굴에 풍열(風熱)을 맞으면 여드름, 기미 등의 원인이 되기도 한다. 또한 식생활에 있어서 과도한 지방질의 섭취, 불규칙한 식습관 때문에 발생하기도 하며 화장품이나 약물 등을 잘못

사용한 경우에도 여드름은 발생할 수 있다. 또한 여드름은 거의 남성호르몬이 지나치게 많은데서 오는 원인이며 그밖에 커피 따위의 음식물을 지나치게 과식해 혈관이 확장되어 피지선의 분비에 자극을 주는데 있다. 또 피로, 수면부족, 변비, 술의 과음 등은 여드름이 나기 쉬운 살결을 만드는 상태가 된다. 또 하나의 원인은 간장 기능이 정상적으로 일하지 않으면 그 대용으로 피부가 자기방위기능을 시켜 지방을 왕성하게 분비하기 시작하며 여드름이 좋아하는 살결이 된다.

4) 붉은 얼굴

불그레한 얼굴은 흰빛의 얼굴로 투명해 보이는 것 같은 살결이 약한 사람을 가리키지만 여기서 말하는 병적인 불그레한 얼굴과는 별개의 것이다. 그 원인은 여러 가지로 그 중 알-콜은 피부의 모세혈관을 확장하는 작용이 있어 연중 술타령을 하게 되면 피부의 혈관이 넓어져 붉은 얼굴이 된다. 또 간장의 기능이 나빠져도 역시 간염이나 간 경화로 간 기능이 떨어져 간장에서 해독되지 않은 물질이 혈액 속을 순환하며 혈관의 확장을 초래하여 끊임없이 손바닥이 적자색(赤紫色)이 되어 상반신의 여기저기에 거미가 손발을 벌린 것 같은 빨간 반점이 나오는 수가 있다.

5) 염증이 있는 살결

염증이 있는 살결은 보통 접촉성 피부염이라 불리 운다. 피부는
피지 막이란 천연크림과 상피의 각질층에 나쁜 물질이 피부를 통
하여 출입을 막고 있다. 접촉 피부염인 염증은 피부에 닿는 물질
이 이 방어벽을 뚫고 피부 내부에 침입하여 일어나는 염증이다.

6) 알레르기 살결

보통 간단히 말해 생체의 과잉방위의 반응이다. 다시 말해서 인체
의 외부에서 이 물질들이 체내로 들어오면 우리 몸에서는 이들로
부터 우리 몸을 보호하는 면역반응이 일어나는데 이를 정상 면역
반응이라고 하며 이러한 면역반응이 지나쳐서 과민반응을 유발하
고 이것 때문에 우리 몸에 이상이 생기는 경우 이를 알레르기라
고 한다. 예를 들면 옻을 타고 화장품에 의한 염증, 쐐기풀로 일
어나는 두드러기 등이 모두 이 반응에 속한다. 보통 사람 같으면
이 물질이 체내에 약간 들어갔다고 해도 아무렇지도 않지만 알레
르기 체질인 사람은 적은 분량을 만나도 강하게 민감한 반응이
일어난다. 보통은 몸 안에서 저항이 되어 면역되지만 알레르기 체
질은 이 면역반응이 필요이상으로 지나치게 일어나 그로 인해 역
으로 자신의 몸을 아프게 괴롭히는 결과가 된다. 알레르기라는 말
은 1906년 폰피르케란이라는 의학자가 처음 사용하기 시작하였는
데 그리스어인 "allos"란 말에서 유래되었으며 이는 '변형된 것'을
의미한다. 알레르기 질환은 유전적 소양을 지닌 사람에게 많이 나

 아름다운 살결 보존과 소나무

타나지만 현대에 이르러 알레르기 질환은 전 인구의 10~20%에
서 관찰될 정도로 뚜렷한 증가추세에 있다. 이는 현대사회가 점점
복잡 다양하게 발달해 나가면서 알레르기 질환을 유발할 수 있는
여러 원인 물질들이 많아지고 있기 때문이다. 즉 중앙난방으로 인
해 적당한 습도와 온도가 유지됨으로써 호흡기 알레르기를 유발하
는 집먼지 진드기나 곰팡이 등의 번식이 용이해졌고 나일론과 같
은 합성섬유와 폴리에스테르 등의 합성수지 제품은 제조과정에서
각종 화학물질들의 작용에 의해 피부나 점막에 알레르기 반응을
일으키며 또 니켈, 크롬 등의 금속과 고무, 가죽, 화장품 등에 의
해서도 알레르기성 피부염이 온다. 아울러 인스턴트식품과 페스트
푸드의 유행과 함께 야채의 신선도를 유지하기 위해 사용하는 방
부제, 인공감미료, 식용색소 등의 식품 첨가제에 의해 알레르기가
증가되고 있는가 하면 여러 약제의 개발과 함께 약물에 의한 알
레르기도 증가하고 있다. 그리고 직종이 다양해짐에 따라 직업성
알레르기 질환의 발생도 많아지고 있다. 따라서 알레르기 원인 물
질이라고 자신이 느끼는 물질을 피하고자 절대적으로 노력해야하
며 환경개선에도 노력해야 한다.

7) 기 미

기미란 연한 갈색이나 짙은 갈색의 색소침착반(色素沈着班)이 특
히 얼굴에 생기는 과색소침착성(過色素沈着性) 질환으로 불규칙한
모양의 색소침착반(色素沈着班)이 얼굴과 목에 나타나는데 대개
는 주위의 피부와 잘 구분된다. 주로 20대 후반에서 50대까지의

여성에게 나타나며 드물게 남자에게서도 발생한다. 임신 중(임산부의 약 70%에서 발생) 또는 폐경기에 흔히 발생하며 출산 후에 자연 소실되기도 한다. 주로 햇빛에 노출되는 부위인 얼굴, 특히 이마, 눈 주위, 뺨, 관자놀이, 윗입술 등에 잘 발생하며 햇빛에 노출된 뒤에는 색깔이 더 짙어진다. 초기에는 눈에 띄기 힘든 황갈색의 얼룩진 반이 나타나나 점차 확대되어 크고 반을 형성한다. 기미는 흔한 질환이면서도 정확한 발생원인이나 병인은 아직 밝혀지지 않았으며 여성호르몬의 변화와 자외선이 주된 발병요인으로 알려져 있다. 즉 임신 때 증가하는 여성호르몬(에스트로겐, 프로게스테론)이 멜라닌 색소 침착에 상승효과를 나타내는 것으로 연구되고 있다. 그 외에 난소의 이상, 간 장애, 영양결핍, 부신기능의 장애 등의 내분비 이상, 육체적 정신적 스트레스와 일부의 약품도 발생 요인이 될 수 있다. 한편 자외선은 표피의 멜라닌 세포를 자극하여 효소의 활성을 증가 시켜 멜라닌 색소의 양과 크기를 증가시키고 피부 색깔을 검게 하므로 기미 발생에 직접적인 요인이 된다. 또한 먼길을 걸어 열을 받았거나 술에 취했을 때 찬물로 세수를 하면 기미나 부스럼이 생기기 쉽다고 한다. 이는 얼굴에 열기가 많이 올라와 뜨거워져 있는 상태여서 혈액순환이 급박하게 되고 있을 때이기 때문이다. 이때 찬 것이 닿으면 뜨거운 것이 바로 식어지면서 피가 탁해지는 것과 포식하고 나서 머리를 감으면 기미가 생기기 쉽다고 했다. 배가 부르면 위장으로 많은 피가 몰리게 되어 머리와 얼굴에는 피가 부족하고 허약한 상태가 되는데 이때 머리를 감아서 외부의 찬 기운과 접촉하면 피부가 자극을 받아 기미가 생길 수 있다고 했다. 이처럼 외부의 찬 기운에 몸의 저항력이 떨어진 상태에서 냉한 음식을 먹어 찬 기

 아름다운 살결 보존과 소나무

유과 마나게 되면 피가 응고하거나 죽은피가 되어 기미가 발생
한다는 시각이다. 특히 간의 혈액순환에 장애가 있을 때도 기미
가 생기기 쉽다고 한다.

13. 건성피부

건성피부의 상태는 세안 후 손질을 하지 않으면 피부가 당기는 감을 느끼게
한다. 저항력이 약하기 때문에 피부의 조그마한 상처도 쉽게 아물지 않고
손상되기 쉬우며 노화현상이 빨리 온다. 입가나 외측 눈구석 등에 잔주름이
쉽게 생기게 된다. 부분적으로 하얀 각질이 일어나고 심하면 버짐이 생기기
도 하며 화장이 잘 받지 않는다. 피부 결은 비교적 곱고 얇기 때문에 얼굴
전체가 거칠고 화장품을 바르지 않으면 몹시 당긴다. 파운데이션이 잘 안
받고 발라도 들떠 버리는 경우도 이런 현상 때문이다. 그렇기 때문에 건성
피부는 저항력이 약하고 접촉성 피부염이 발생하기 쉽다. 건성피부의 원인
은 기름과 땀의 분비가 부족하거나 자외선, 일광욕, 한 냉, 바람의 영향으
로 피부의 수분이 건조되거나 일소로 인한 일광 피부염으로 피부의 수분이
소실되는 경우나 유전적이거나 신경과민, 호르몬의 불균형으로도 건성피부
가 초래된다. 또한 화장품에 의한 염증 후 건조해지기도 하고 부적합한 피
부 손질을 했을 때도 건조해 진다. 알코올 성분이 많이 함유된 화장수를 장
기간 사용 시 건조해 지며 술, 담배, 과도한 온수 포, 장시간의 스티머, 호
르몬의 부조화에서도 올 수 있다. 이러한 건성피부는 피부가 민감한 여성이
나 아토피성 피부염을 앓고 있거나 앓았던 경력이 있는 사람들에게 흔히 발

생활 수 있다.

건성피부의 유형은 크게 유분 부족 건성피부와 수분부족 건성피부로 구분할 수 있다. 우리 피부는 수분과 유분이 7 : 3의 비율로 유지되는 것이 가장 이상적으로 흔히 건조하면 수분만이 부족한 것으로 이해하기 쉬우나 이는 잘못된 상식이다. 수분과 유분의 균형이 적절하게 유지될 때 비로소 건강한 피부로 존재할 수 있다.

유분 부족 건성피부의 원인은 기름샘의 기능이 저하되었을 때 유분이 부족하게 된다. 이럴 경우는 유분이 많은 영양크림 등을 활용하게 되는데 유분이 많은 크림을 사용하게 되면 기름샘은 자체의 기능이 저하되어 더욱 유분 부족 건성피부로 될 가능성이 높다. 흔히 30대 후반부터 여성의 피부는 지방산을 분비하는 기능이 떨어지게 되고 중성피부와 비교할 때 기름과 땀의 분비가 적기 때문에 피부표면이 건조하고 윤기가 없다. 특히 겨울철이나 피부가 노화되면 피지선과 땀샘의 활동이 활발하지 못하므로 이러한 현상이 더욱 뚜렷해진다.

수분부족 건성피부의 원인은 부족한 수분, 부적절한 다이어트를 하여 체내의 균형이 무너지거나 호르몬의 불균형으로 인하여 체내수분 부족현상이 온다. 과도한 일광욕으로 피부의 수분이 증발되고 지나친 자외선에 의해 피부가 갈라지며 표면은 빛도 나며 죽은 각질 세포들이 벗겨진다. 또한 사우나 이용이 너무 많은 경우에도 생길 수 있다. 노화성 또는 연령성 건성피부는 노화로 인해 기름샘의 기능이 저하되어 피지 막의 기능이 저하된 상태로 나타난다.

이러한 건성피부의 관리에 있어서 중요한 점은 피부의 신진대사를 촉진시키고 수분과 유분을 공급하는 것이 중요하며 평소 충분한 양의 물을 마시고 비타민 A, E가 들어있는 크림을 사용하며, 유분이 너무 많은 화장품은 사용하지 말아야 한다. 피지선에서 분비되는 피지는 피지 막을 형성하여 피부

를 보호하며 피부로부터의 지나친 수분 증발을 방지한다. 그러나 건성피부
는 분비되는 기름의 양이 적으므로 피부의 수분 함유량도 적을 수밖에 없
다. 따라서 자칫 잘못하면 피부의 탄력을 잃기 쉬우므로 항상 적절한 수분
을 유지할 수 있도록 피부를 관리하여야 한다.

14. 닭살(모공각화증)

닭살은 정확하게는 "모공각화증"이라 부르는 질환으로 말 그대로 모공(털구멍)
이 각화 되는 병이다. 보통 다섯 명에 1~2 명 꼴로 나타나는 흔한 증상이므로
심하지 않은 경우에는 큰 문제가 없으나 증상이 심한 경우에는 미용 상 치료가
필요하다. 이 병은 일종의 유전성질환으로 주로 건조한 피부를 가진 사람이거나
아토피성피부의 사람에게서 많이 볼 수 있는데 2~3세의 아주 어릴 때 시작해
서 사춘기에 심해지며 성인이 되면서 점차 옅어지게 되나 그렇다 하더라도 매끈
한 피부가 되는 것은 아니다. 20세 이후까지 남아 있는 경우에는 저절로 없어
질 가능성은 적다. 주로 팔, 허벅지, 어깨의 바깥쪽에 많이 생긴다. 닭살의 원
인을 살펴보면 첫 번째는 유전적으로 닭살이 생기는 경우로, 유·소아 기부터
팔의 상부와 어깨에 가려움증을 동반한 검붉은 구진이 생기고 아토피 피부염이
나 어린 선 같은 피부의 건조증이 있는 질환과 동반된다. 치료를 해도 만족할
만한 결과를 얻기 힘들 때가 있으며 거의 평생 지속된다. 두 번째는 후천적으로
생기는 닭살이다. 지나치게 자주 샤워를 하거나 습관적으로 때를 세게 미는 사
람들, 실내온도를 너무 높여서 습도가 상대적으로 낮아지게 되면 피부의 약한
부분인 허벅지나 복부에 가려움증이 생기고 심하게 긁게 되면 모공이 두드러지

고 거칠어지게 된다. 심할 때는 피부과에 상담하여 보는 것이 가장 좋다.

15. 눈 밑 그늘 다크서클

다크서클이란 눈 밑이 어두워 그늘진 것처럼 보이는 현상을 말한다. 이렇게 눈 밑에 그늘이 지면 인상이 어두워져서 실제 나이보다 훨씬 더 들어 보이게 되는 데다 무기력하고 피곤해 보여서 서양에서는 "피곤한 눈"이라고 부르기도 한다. 주원인은 눈 밑 지방이다. 눈 밑 지방이 있으면 지방이 축적돼 눈 밑의 피부가 돌출 되고 피부가 처져서 눈 밑 부분이 그늘지고 어두워 보이게 된다. 이 외에 눈 주위의 장기간 습진 반응으로 이차적인 색소 침착 현상, 눈 밑 피하 정맥의 확장, 피부 멜라닌 색소의 증가, 눈 밑 잔주름 등도 원인이 될 수 있다. 이는 잠을 충분히 자지 못하거나 생리전후, 스트레스가 계속 되면 눔 주위의 혈액순환이 원활하지 못하게 되고 눈 밑 지방이 더 쌓이게 되어 증상이 더 악화된다. 따라서 무엇보다도 평소에 규칙적인 생활리듬을 유지하고 충분한 수면을 취하고 항상 스트레스를 받지 않도록 조심해야 다크서클이 생기는 것을 예방할 수 있다. 특히 과음으로 눈 밑이 칙칙해졌다면 얼음과 같은 찬 물질을 눈 밑에 대어 눈의 피로를 풀도록 하는 것이 급선무, 이 방법은 즉각적으로 피부 톤을 환하게 만드는 데 효과가 있다. 또한 얼굴의 혈전을 자극하여 피부순환을 자극한다면 어느 정도의 다크서클과 칙칙한 피부는 원래대로 돌아올 수 있다. 만약 다크서클을 영구적으로 없애고 싶다면 피부과적인 치료, 비타민을 피부에 침투시키는 미백 치료로 만족할 만한 결과를 얻을 수 있다.

 아름다운 살결 보존과 소나무

16. 얼굴은 약간 따뜻한 것이 좋다

우리의 얼굴은 몸의 부위와는 달리 항상 노출되어 있는 곳이다. 날씨가 춥거나 찬바람이 불면 옷을 껴입고 장갑을 끼는 등 다른 피부는 보호를 받을 수 있지만 얼굴은 호흡을 비롯한 모든 감각기관이 모여 있기 때문에 가릴 수가 없다. 그렇지만 얼굴은 약간 따뜻한 상태를 유지하는 것이 가장 좋다. 찬바람이나 찬 기운은 얼굴의 피부에 가장 나쁜 적이라 할 수 있다. 그렇다고 해서 너무 더워서도 안 된다. 우리 몸에서 더운 기운은 항상 위로 올라가는 성질을 지니고 있다. 따라서 얼굴에는 비교적 더운 열기가 많이 모이게 된다. 이러한 얼굴의 특성을 생각할 때 얼굴은 너무 더워도 좋지 않고 너무 추워도 좋지 않다는 결론을 내릴 수 있다. 그 이유는 다음과 같다.

첫째, 얼굴이 너무 더우면 안 되는 까닭은 피가 혼탁해지기 때문이다. 열기는 피를 혼탁하게 만드는 요인이 되므로 열대지방에서 사는 사람들이나 내부에 열기가 많은 사람들의 피부는 대체적으로 곱지 못하고 거칠다.

둘째, 얼굴이 너무 추우면 안 되는 까닭은 혈액순환과 기의 순환에 이상을 주기 때문이다. 특히 외부로부터의 찬바람이나 나쁜 기운을 자주 접하게 되면 얼굴의 더운피와 접촉하는 과정에서 피가 탁해지고 응고되어 기미 주근깨 뽀루지 등의 피부질환이 생겨나게 된다. 따라서 얼굴은 적당하게 따뜻한 온도를 유지하는 것이 바람직하며 항상 노출되어 있는 곳이기 때문에 다른 어느 부위보다도 혈액순환이 잘 되어야 한다.

17. 피부의 노화

나이를 먹을수록 피부 상태는 변한다. 그러나 피부에 주름살이 생기거나 피부가 거칠어지고 혈관이 돌출 하는 변화는 나이로 인한 노화현상이 아니라 피부관리를 잘 하지 못했기 때문에 나타나는 현상이다. 햇빛에 지나치게 오랫동안 피부를 노출시키면 피부가 거칠어지고 쉽게 손상된다. 바람, 추위, 더위와 같은 자연현상도 피부를 망가뜨리는 역할을 한다. 매일같이 사용하는 각종 세제도 고운 피부를 거칠게 한다. 피부는 적절한 관심을 갖고 보호해주면 아무리 나이를 먹어도 변하지 않는 특성이 있다. 보다 젊고 건강한 피부를 간직하려면 피부관리에 신경을 쓰고 피부보호에 만전을 기하면 나이를 많이 먹어도 특별한 변화가 나타나지 않는다. 피부 노화의 가장 대표적인 변화는 표피와 진피 사이에 점차 경계선이 생긴다는 점이다. 그러나 피부관리에 신경을 쓰면 이런 현상은 나타나지 않는다. 피부가 노화함으로써 나타나는 또 다른 변화는 피부의 생기와 탄력을 유지시켜 주는 콜라겐의 손실이 커지며 특히 여성에게서 흔히 발견된다. 왜냐하면 여성의 피부가 남성의 피부보다 약하기 때문이며 따라서 여성이 남성보다 빨리 늙는다는 말이 생기게 된 것이다. 그러나 사실 피부가 약한 것과 주름살이 지는 것은 직접적인 관련이 없다고 한다. 피부가 약하면 햇빛, 바람, 추위, 더위 등에 의해 모양이 쉽게 변한다. 즉 피부가 약하기 때문에 주름살이 지는 것이 아니라 피부가 약하기 때문에 여러 가지 요소에 의해 피부가 손상되며 손상된 피부는 건강한 피부보다 주름살이 쉽게 진다. 또한 피부가 노화되면 진피층의 탄력이 유난히 감소한다. 이런 현상은 콜라겐 섬유질과 탄력 섬유질이 기능이 떨어지기 때문이므로 피부보호에 신경을 쓰면 나이가 들어도 젊은 시절과 별다른 차이가 나타나지 않는다.

1) 피부노화 원인

- 자연적:

  나이가 들면 세포 재생능력이 줄어들면서 노화로 이어진다. 피부 탄력을 결정짓는 콜라겐과 엘라스틴이 나이가 들면서 점점 가늘어지고 느슨해져 피부가 탄력을 잃게 된다. 그 결과 주름과 같은 피부 노화의 흔적들이 생기게 된다. 젊고 건강한 피부는 정상적인 피부 신진대사를 반복해 스스로 활력을 되찾는다. 햇볕에 그을리거나 상처가 났을 때 어른들보다 어린아이들이 더 빨리 회복되는 것은 왕성한 신진대사 때문이다.

- 외 적:

  외적인 노화의 가장 큰 주범은 자외선으로 콜라겐과 엘라스틴을 급속히 파괴시키고 탄력을 떨어뜨려 주름이 생기게 한다. 또 자외선이 피부에 닿으면 멜라닌의 과다 생성과 과다 활동으로 인해 잡티가 생기고 검은 피부로 변하게 되는데 이것이 바로 피부 노화로 이어진다.

- 기타로는

  유해산소의 발생, 피부건조, 스트레스, 수면부족에 의한 피부노화가 가속화된다. 특히 주름의 나이가 빨라지는 데는 오존층 파괴로 인한 자외선의 증가, 늘어나는 여성 흡연 증가, 몸짱 열풍에 따른 무리한 다이어트가 요즘에는 주된 원인이다.

2) 피부 노화 방지법

아무리 나이를 먹어도 항상 젊은 피부를 가질 수 있는 방법은 매일같이 피부에 물기를 공급해 주는 것이다. 물기를 공급해주는 첫 번째 방법으로는 미지근하거나 차가운 물로 씻는 방법이고 두 번째 방법은 습기를 공급하여 피부를 촉촉하게 유지해 주는 것이다. 피부에 습윤(濕潤)을 주는 손쉬운 방법으로는 샤워장에서 약 15분 가량 샤워하면 수분이 피부 속으로 스며들어 촉촉하고 매끄러운 피부를 유지할 수가 있다. 피부는 대기 중에 포함돼 있는 습기의 양에 따라 매우 민감한 반응을 일으킨다. 따라서 냉방기기는 실내의 습기와 피부의 습기를 빼앗아 가기 때문에 가장 이상적인 실내습도를 35-40%로 유지하도록 하여 피부에 습기를 공급하면 언제나 촉촉한 피부가 유지하게 되는 것이다. 특히 물과 피부가 접촉하면 피부에 세포가 건강해지기 때문에 노화를 예방하고 언제나 젊음을 유지할 수 있다. 세 번째로는 규칙적인 운동을 함으로서 콜라겐의 대량생산과 진피층이 두꺼워져 건강해진다는 것이다.

3) 노인성 기미

기미 중에서 가장 흔한 것이 노인성 색소반이다. 이는 자외선에 의해 생기는 갈색의 기미로 주로 얼굴, 팔, 손등 등에 나타난다. 또한 나이가 들수록 그 수는 늘어나고 색도 진해진다. 멜라노사이트라는 색소 세포는 자외선의 자극을 받으면 멜라닌 색소를 만들게 된다. 그러나 신체의 이상에 의해 멜라닌 색소의 생성이 멈춰

 아름다운 살결 보존과 소나무

지지 않거나 피부의 신진대사 속도가 더디게 되면 표피에 멜라닌 색소가 고이게 된다. 이렇게 생기는 것이 노인성 색소반이며 이를 테면 노화에 의한 기미라고 할 수 있다.

4) 노화 방지를 위해서는 뇌 활동을 계속 시켜주는 것이다

노화를 방지하는 것은 뇌 활동을 계속 시켜주는 것으로 정신적으로도 노화를 방지해 주어야 한다는 것이다. 런던의 젠 비타리지 노파는 83세 때 외국어를 공부하기 시작했는데 7년이 지난 90세 때 그 할머니는 젊은 사람 못지않은 기억력을 발휘하여 독일어, 이탈리아어, 스페인어, 프랑스어 시험에 합격했다는 보도가 있었다. 이렇게 신체적으로 노화되어 있어도 정신적으로 노화를 방지하면 도리어 자기 몸의 저항력까지 향상시킬 수 있다고 한다. 또한 힙포크라테스는 100세까지 살면서 죽는 전날까지 독서, 강의, 저술을 계속하여 뇌 활동을 게을리 하지 않았다고 하며 하이든은 64세 때 '창조' 69세 때 '트럼펫 광상곡'을 작곡하여 뇌의 노화를 방지했으며 괴테는 73세 때 '파우스트'를 완성했고 세르반테스는 67세 때 '돈키호테'를 완성했으며 입센은 그 유명한 비유적 이야기 작품을 60세가 지나서 완성했다고 한다. 실로 이들은 뇌 활동을 계속하여 정신적으로나 육체적으로 노화를 방지하고 건강하게 살아온 사람들이다. 이스라엘의 지도자 모세는 80세 때 하나님의 부르심을 받아 이스라엘 민족의 지도자로 40년 동안 쉬지 않고 활동함으로써 120세가 되어 죽을 때까지 쇠약하지 않고 눈도 흐리지 않고 건강하게 살았다는 기록을 성서의 신명기에서 볼 수 있다. 그러므로 뇌 활동은 노화방지에 대단히 중요한 구실을 하는 것인데 뇌 활동을 위해서는 그림을 그리든지 시와 노래를 짓든지 어학공부를 하든지 무엇이든 취미 있는 것을 하는 것이 좋다고 한다. 재능이나 취미가 없는 사람은 그대로 독서만 하더라도 뇌 활동에 좋다고 한다. 뉴욕의 이글 브릿지의 안나 M. R. 모제스가 그림을 배우기 시작한 것은 76세이었는데 그녀는 35회 이상이나 개인전을 개최했으며 88세 때 현대사회에 공헌했다는 이유로 '국립부인출판클럽상'까지 받았다고 한다. 인간생활에서 나이는 그렇게 큰 문제는 아닌 것 같다. 움직이고 일하고 배우고 뇌를 사용하고 실천해보는 것이 몸의 건강뿐 아니라 자연치유력 향상에도 큰 효과가 있다고 한다.

18. 임신 중 피부 트러블

임신을 하면 몸에 여러 가지 변화가 생긴다. 배가 불러오고 몸이 붓는 현상 말고도 호르몬의 영향으로 임신 전에는 없었던 피부 트러블이 나타날 수 있다. 얼굴에 기미, 주근깨가 생기는가 하면 가슴, 배, 허벅지 등의 살이 트고 뱃살 한가운데엔 시커멓게 임신 선이 생긴다. 임신성소양증 가려움증도 임신부들이 흔히 겪는 피부 질환 가운데 하나다. 임산부의 20%정도가 겪는 임신성소양증은 몸에 발진은 없고 가렵기만 한 것이 특징이며 두드러기 같은 맥관부종의 형태로 나타나는 경우도 있다. 단순히 피부가 건조해서 가려운 경우에는 로션이나 오일 같은 보습제를 바르면 효과가 있다고 한다. 그러나 임신 중 소양증은 자궁이 커지면서 간을 압박해 담즙관이 눌려 담즙이 제대로 배출되지 않아서 생기는 것이므로 주로 임신 후기에 주로 발생하며 특별한 치료방법은 없는 것으로 알려져 있다. 또한 임신 중에 생기는 가려움증은 보통 임신을 하면 땀이 많이 나는데 이는 땀샘이나 피지선 기능이 좋아지기 때문에 땀과 분비물이 늘어나므로 이때는 샤워를 자주해서 몸을 깨끗이 하고 옷을 두텁게 입지말고 기름진 음식을 멀리하면 한결 덜 한다고 한다. 임신 중 더 잘 생기는 기미와 주근깨는 임신을 하면 호르몬의 작용으로 피부에 색소 침착이 일어나 기미가 생기거나 기존에 있던 기미는 색이 더 짙어지는 경우도 있다. 그러나 출산을 하면 대개 색이 옅어지지만 더러 얼굴에 그대로 남는 경우도 있다. 따라서 임신 중에는 경구용 피임약을 먹는 것은 삼가 하고 외출할 때는 직사광선을 피해야 하며 양질의 단백질과 비타민B, C가 많이 있는 식물을 섭취하면 얼굴에 잡티를 피할 수 있다.

19. 생리주기와 피부

생리주기란 생리를 시작한 첫날부터 그 다음 생리를 시작하기 전날까지의 기간을 일컫는다. 보통 한 달에 한번 생리를 한다고 얘기 하지만 생리주기는 개인차가 있어 정상적인 생리주기는 대략 25~38일이고 평균적으로 4주 즉 28일 주기를 갖는다. 여성의 몸과 마음은 생리주기에 따라 변하는데 이는 호르몬 때문이며 똑같은 화장품을 사용하더라도 피부에 잘 흡수되는 시기가 있는가 하면 오히려 피부트러블을 유발하는 것도 이런 이유 때문이다.

여성 호르몬에는 난포호르몬(에스트로겐)과 황체호르몬(프로게스테론)이 있고 이 두 호르몬의 밸런스에 따라 몸의 상태가 변화된다. 배란기 이후 황체호르몬이 많아지면서 콩팥의 수분을 걸러내는 기능을 방해해 몸이 붓기도 하며 피지분비를 활발하게 하여 여드름이 많이 생기기도 한다. 이와 같이 생리주기에 따라 피부상태가 달라지므로 이 상태에 따라 피부관리를 해주는 것이 좋으며 생리주기에 따라 음식종류나 운동 강도를 달리하면 효과적이다.

난포호르몬(에스트로겐)	황체호르몬(프로게스테론)
콜라겐생성촉진→피부를 촉촉하고 윤기 있게	수태란의 착상 쉽게→임신시 증가, 피부 윤택하게
피지선 분비 억제→매끄러운 피부 유지	피지 분비 증가→피부 트러블 발생(여드름)
피하지방 발육 촉진	젖샘 발육 촉진
생리끝난 직후 증가, 배란일 이후 감소	생리 10일전 갑자기 증가, 생리 후 감소

1) 생리 전 피부상태

여드름이 악화되는 시기, 생리 시작 7일~10일 전부터 황체호르몬이 증가하여 여드름의 원인이 되는 피지선의 증가를 부추기게 된다. 즉 피지선의 크기나 활동을 증가시켜 피지선의 피지 분비량이 많아져 생리 전에는 여드름이 악화되는 경우가 많다. 또 피부도 거칠어지고 피부트러블이 잦아진다. 이때는 체중도 다소 느는 경향이 있고 체온도 상승한다.

 아름다운 살결 보존과 소나무

2) 생리 중 피부상태

수정이 이루어지지 않으면 배출되고 난자는 죽고 난소에서는 더 이상 호르몬이 분비되지 않으며 자궁 속 막이 허물어지면서 혈액과 함께 몸 밖으로 배출되어 진다. 생리 중에는 혈액순환이 원활하지 못하기 때문에 몸도 차가워지고 동시에 수분과 영양분의 손실도 있다. 식욕도 떨어지고 몸도 피곤해지며 생리통으로 인해 기분까지 안 좋아지는 시기로 눈 밑 검은 그늘인 다크서클이 진해지는 것은 물론 얼굴색이 칙칙해지고 푸석해지는 시기이다.

3) 생리 후 피부상태

생리가 끝난 직후 일주일은 배난 일 직전으로 몸의 컨디션은 다른 어느 때보다 좋아진다. 피부는 이제 생리중의 푸석함에서 벗어나 촉촉해지고 피부색 또한 생기가 있게 된다. 또 본래의 피부상태로 되돌아오게 된다.

4) 배란직전 피부상태

점차 두꺼워지기 시작하는 각질층 생리가 끝난 후 일주일 정도가 지나면 배란을 시작하게 된다. 이렇게 배란이 시작하게 되면 난포 호르몬이 어느 정도 활발하게 활동하지만 황체 호르몬의 활동도 활발해지면서 양이 늘어나기 시작한다. 이로 인해 각질층이 두꺼워지면서 피부색 역시 칙칙해진다. 물론 생리 중과 다르게 피부트러블이 많지는 않지만 세심한 케어가 필요한 시기이다.

※ 피부 관리

생리 전에는 예민해진 피부상태가 되기 때문에 트러블이 악화되지 않도록 주의가 요망되며 생리 중에는 다크서클로 혈액순환이 안 좋은 만큼 검은 그늘이 안 생기도록 노력하면서 충분한 영양과 수분 공급을 하여 주어야 한다.

※ 28일 생리주기 4단계 피부 변화

피부가 가장 좋은 시기 (피부 절정기)	피부가 불안정 (폭풍전야의 적막감)	피부가 가장 나빠지는 시기(최악의 시기)	피부가 가장 민감한 시기 (건드리지 마 다쳐)
1주기(배란기 전 1주일)	2주기(배란기)	3주기(생리일전 1주일)	4주기(생리 기간)
아름다움이 빛을 발하는 시기로 촉촉하고 혈색이 좋아진다.	서서히 피부가 불안정해지기 시작, 각질층이 두터워지고 피지가 많아지기 시작한다.	피부 저항력 감소 및 피지 증가로 뾰루지 등 트러블이 발생	피부가 건조해져 생기도 잃고 눈 밑이 검어지기도 한다.

20. 추울 때 피부가 빨개지면서 두드러기 현상이 일어나는 원인

혈액 속에 추위에 민감하게 반응하는 "크라이오글로블린"이라는 비정상적인 단

 아름다운 살결 보존과 소나무

백질이 있기 때문에 발생하는 것으로 알려져 있다. 평소에 아무 문제를 일으키지 않다가 추위에 노출되면 구조변화를 일으켜 인체에 침입한 적으로 오인케 하는 것이며 이를 격퇴키 위해 인체 면역체제의 항체가 동원되고 이런 과정에서 히스타민이라는 알레르기 유발물질이 분비되어 두드러기가 나타난다. 치료제로서는 항히스타민제가 있으나 추위에 얼굴이나 손등을 직접 노출하지 말아야 하며 심할 경우에는 의사의 처방이 절대 필요하다.

21. 열(熱)받은 피부는 일찍 늙는다

"피부노화를 막으려면 여름철 뜨거워진 피부를 자주 식혀 주어야 한다."
요즘 같은 한여름에 자외선으로부터 피부를 보호하는 것도 중요하지만 뜨거워진 피부를 자주 식혀주는 것이 피부노화예방을 위해 꼭 필요하다는 연구 결과가 나왔다. 서울대병원 피부과(정진호 교수팀)에서 쥐와 사람을 대상으로 실험을 한 결과 "열(heat)"에 의한 피부 온도의 상승이 피부노화의 주요 원인으로 나타났다고 밝혔다.(2005.08.17) 이번 연구 결과는 미국피부연구학회지(Journal of Investigative Dermatology) 외국제학술지 '노화와 발달메커니즘'(Journal of Mechanism of Aging and Development), 일본피부연구학회지 등에 잇따라 소개되었다. 이처럼 여러 학술지에서 연구 내용을 주목하고 있는 것은 자외선에 의한 기존의 피부노화(photoaging) 현상과 더불어 '열 피부노화(thermal skin aging)'라는 새로운 피부노화의 개념을 제시했기 때문이라는 게 연구팀의 설명이다.
논문에 따르면 연구팀은 세포배양을 이용해 피부(섬유아)세포에 42도(햇빛에 15분 정도 노출됐을 때의 온도)의 열을 가한 후 상태를 관찰했다. 이 결과 피부의 온도가 상승하면서 주요 구성성분인 교원질(콜라겐)과 탄력섬유가 감소했으며 교원질 분해효소의 발현이 증가해 주름살이 생기는 등 피부노화가 빨라졌다. 또 사람의 엉덩이 피부에 전기열선을 이용해 42도의 열을 30분 정도 가하고 1~3일 후 조직검사를 한 결과 탄력섬유 구성물질의 합성이 감소하면서 피부의 탄력이 떨어지고 주름이 발생하는 것으로 확인했다고 연구팀은 보고하였다. 특히 자외선이 피부세포의 DNA에 손상을 주는 것처럼 열을 받은 피부세포에서도 DNA가 손상됐다고 연구팀은 덧붙였다. 연구팀은 20마리의 쥐에 자외선과 적외선(열선)을 15주간 쪼이고 15주 후 주름살의 정도와 교원질 분해효소의 형성을 관찰 결과에서도 주름살이 눈에 띄게 증가하는 등 열이 교원질 분해효소를 증가시켜 주름살이 발생한다는 사실을 증명했다.

이 연구팀의 정 교수는 "지금까지 피부노화의 주원인으로는 장기간의 자외선 노출, 흡연, 폐경 이후 에스트로겐의 급격한 감소 등이 알려져 왔다."면서 "자외선 차단제를 바르는 것만으로는 피부노화를 완전히 예방할 수 없는 만큼 햇빛을 최대한 피하면서 피부를 자주 식혀주는 게 좋다."고 하였다.

22. 한관종, 비립증

흔히 '물 사마귀' '꼬마사마귀'라고 부르는 아주 작은 혹을 말한다. 한관종은 주로 눈 밑에 좁쌀만한 크기의 뾰루지 같이 튀어 나와 있고 비립종은 눈 주

 아름다운 살결 보존과 소나무

위에 분포한다. 한관 종이나 비립종은 일부 땀샘에 이상이 있어 생기는 흔한 병으로 유전으로 많이 발생한다. 남자보다는 여자에게 더 흔해서 가족의 누군가가 걸려 있다면 100% 발생한다. 특별한 병적 현상은 아니며 따라서 아프거나 간지럽지도 않으며 단지 작은 콩알만한 크기의 것이 여러 개 생겨나고 차차 그 수가 많아진다. 한관종의 크기는 1-3㎜정도이고 노란색 또는 분홍색의 반투명으로 서로 분리되어 있으며 밀집하여 뭉쳐 있다. 주로 눈 밑에 생기지만 눈꺼풀 위나 가슴, 배 또는 성기 부위에도 생긴다. 한관종은 유전적인 경향이 많고 여자에서 흔하게 나타나며 땀샘의 노화로 땀샘의 일부 조직이 대거 증식해 생긴 피부 양성 종양이므로 땀샘관(한관)에서 유래되었다고 할 수 있다. 한관종은 세포가 증식한 일종의 혹으로 계속 성장을 하는 경우가 많기 때문에 한번에 100% 제거가 힘들지만 놔두면 점점 커지고 깊어지기 때문에 치료가 더 어려워진다. 비립종은 피부 표면에 분비물이 고여 하얗게 보이며 쉽게 제거된다. 비립종은 직경 1-4㎜의 백색 구진의 형태로 주로 얼굴의 눈 아래에서 잘 발생한다. 흔히 쌀알같이 보이는데 특히 30-40대의 중년부인에게서 아주 많은 수가 생길 수가 있으며 눈 주위와 뺨에 분포하고 작은 흰 점 같은 알갱이가 들어 있어 흔히 여드름으로 착각하기 쉽다. 이 비립종은 모든 털에서 유래된 양성 종양이고 특히 작은 흰 점 같이 알갱이가 들어있는 병변으로 이는 어떠한 질병 요인으로 생기는 것도 아니고 전염되어 번지는 것도 아니며, 처음에는 몇 개정도 돋아나다가 나이가 들수록 더 많아지고 나중에는 두꺼운 판처럼 눈 밑에 굳어져 혐오감을 주기도 한다. 다만 메이크업 잔여물이나 자극 때문에 땀샘이 막혀 콜로이드라는 물질이 생성되거나 심한 피부염, 화상, 탈피 술과 같은 피부 손상 후에 이차적으로 생긴다고 알려져 있고 특히 필링 화장품 남용으로 비립종을 유발시킬 수 있다고 알려져 있다. 그러나 내버려둔다고 해서 절대로 없어지지도 않으며 그렇다고 염증이 생기지도 않는다. 전문의와 상담이 필요하다.

23. 피부가 싫어하는 것들

피부노화를 촉진하는 환경적 외적 요인으로는 자외선, 흡연, 피부 건조증, 스트레스 및 수면부족, 화장품, 질병 등이 있다. 흡연은 혈관을 좁게 만들어 심장 등 내부 장기와 혈관에 영향을 미쳐 고혈압, 암 등의 유발인자가 될 수 있으며 아울러 피부에 분포하는 혈관에도 영향을 주어 피부에 충분한 산소 공급과 영양공급을 방해함으로써 피부노화를 촉진시킨다. 피부가 건조해 지는 것 그 자체는 직접적으로 노화를 촉진시키지 않으나 그 상태가 오래 지속되면 피부가 거칠어지고 노화가 촉진 될 수도 있다. 또 스트레스와 수면 부족은 피부 노화뿐 아니라 만병의 근원이라고 할 만큼 모든 장기와 조직에 악영향을 주며 여성들의 경우 화장품의 남용과 자신의 체질에 맞지 않는 제품을 사용할 때 역시 시간이 지남에 따라 피부 노화를 촉진시킬 수 있다. 또 신체 건강상태가 나쁠 경우 피부 노화가 야기된다.

24. 모낭충(Demodex)에 대하여

1) 모낭충이란

모낭충은 모공에서 나와 모낭과 피지선에 기생하면서 세포의 영양분을 흡수한다. 번식력이 아주 강해서 약 2주 정도면 일대가 형

성되다. 이 작은 피부 진드기는 일종의 기생충으로 기생충학에서
는 절지동물, 거미류과의 진드기 등으로 표기도 하며 학명은 데모
텍스(Demodex)라고 한다. 주로 모낭에서 잘 발견되므로 일명
모낭충이라고 부른다. 데모텍스(Demodex)라는 말은 라틴어에서
유래한 말로 지방(Demo)과 벌레Dex)라는 말에서 유래되었다.
피부진드기는 대부분 사람들의 얼굴과 머리에 많이 기생하며 인간
의 97.68%가 가지고 있음이 확인되었다. 데모텍스(Demodex)
는 몸 전체가 긴 유충형태로 유동 활동을 하는 암·수가 있는 벌
레다. 색깔은 반투명한 유색을 띄고 몸은 3부분인 악체(턱, 머
리), 족체(흉부), 말체(미부)로 구분하고 체벽은 비교적 얇고 껍
질 같은 막으로 쌓여 있으며 표면은 둥근 모양의 선명한 무늬가
있다. 악체(턱, 머리)는 짧으며 앞부분은 넓고 뒷부분은 좁은 계
단형태로 아주 미세한 침 모양의 사지가 양편에 있어 주로 찌르
고 빨아들이는 흡착작용을 한다. 또한 예리한 발톱이 있어 최대
4~5m까지 이동하며 옆 사람에게까지 이동이 가능하다. 피부 속
진드기인 데모텍스(Demodex)는 피부 어느 곳에서나 기생하지만
피지 분비가 많은 얼굴에 특히 많다. 데모텍스(Demodex)는 밤
에 잠자는 동안 기어 나와 날카로운 발톱으로 얼굴 위로 돌아다
니며 그 흔적을 남겨 놓고 다시 피부 속으로 들어가기 때문에 아
침에 일어나면 얼굴이 푸석푸석한 경우가 많다. 아침, 저녁으로
수시로 드나들기 때문에 모공 및 땀구멍이 넓어진다. 또한 데모텍
스(Demodex)는 피하 2~3㎜속의 진피중에 살며 진피층의 조직
인 콜라겐과 엘라스틴을 갉아먹으며 살고 있다. 진피중에 얽혀 있
는 실핏줄까지 갉아먹어 모세혈관을 파괴시켜 피부의 자생력을 약
화시키기도 한다. 모낭충의 수명은 유충에서 성충이 되기까지는

약 228시간이 소요되며 성충 모낭충은 피부 속에서 60~90일간 산다. 모낭충이 죽으면 그 사체가 우리의 피부 속에서 오랫동안 상존해 피부 오염을 더욱 가속화시킨다. 모낭충은 피부 접촉에 의하여 전이되고 피부 속에서 알을 낳고 부화하여 성장한다. 어머니의 유두에서 젖을 먹는 아이에게 옮겨지기도 한다.

2) 모낭충의 종류

- 데모덱스 브레비스(Demodex brevis):

  피지선 부분의 지방조직을 영양분으로 섭취하여 기생하며 피지선 부분에 염증을 일으키고 여드름을 악화, 피부 결을 조약 하게 만든다.

- 데모덱스 훼리큘럼(Demodex folliculorum):

  모근에 기생하고 모근 벽에 구멍을 뚫고 모근 부분의 영양분을 빨아드리며 모공을 넓게 만들고 모발이 쉽게 빠지도록 한다. 특히 배설물과 죽은 잔해 등이 잔류하여 피부가 오염되며 모근 주위에 염증이 생기거나 탈모의 원인이 된다.

3) 모낭충이 피부에 미치는 영향

그동안 밝혀진 피부에 손상을 가져오는 요인으로는 불규칙한 생활, 환경오염, 인스턴트와 불량식품 및 스트레스에 의한 압박감 등으로 지적되었다. 그러나 놀라운 사실은 사람의 피부 속에 기생충인 벌레가 살고 있어 피부 조직을 상하게 한다는 사실이다. 이 벌레가 영양분을 섭취하고 실핏줄 및 세포조직을 자극시켜 피부를 악화하는 쪽으로 유도하여 우리들의 피부에 여드름, 기미, 주근깨, 반점, 모공의 확대 등 엄청난 피해를 일으켜 모낭충은 피부 악화작용에 상승작용을 일으킨다. 따라서 우리는 이 벌레를 피부 두더지라 별명을 지었으며 이 피부 두더지는 피부 조직을 거칠게 만들고 피부 노화를 가속화시킨다는 것이 권위 있는 피부학자들에 의해 밝혀지고 있다.

- **모낭충이 여드름 · 피부각화현상 · 피부의 요철형성**

  데모덱스 브레비스는 피지선 부분의 지방조직을 갉아먹으며 산다. 우리가 이 벌레를 피부 두더지라 명한 것은 사람의 피부 속을 자신의 거처로 하여 일생을 사람의 피부 속에서 생활을 하는데 이것은 마치 두더지가 땅 속에서 살림살이를 하여 평평한 땅을 거칠게 만드는 것처럼 고운 피부를 거칠게 만들고 피부 노화를 가속화시킨다. 특히 피부 진드기는 악성 세균을 전염시키기도 하여 피부 염증의 원인이 되며 악성 여드름을 생성시키기도 한다.

- **탈모 · 악성비듬 · 모공이 넓은 피부를 만든다.**

  데모덱스 훼리큘럼은 머리털의 뿌리인 모근 벽을 갉아먹어 모근으로 공급되는 영양분을 섭취하여 모발의 뿌리를 약하게 만든다. 또한 피부 진드기는 피부 속과 바깥의 출 · 입을 반복적으로 하여 모공을 넓게 만들고 모근에 염증을 일으켜 탈모의 원인이 되기도 한다. 이처럼 모근에 악영향을 주는 증상이 진행되어 비듬, 두피 질환, 거친 모발과 탈모의 원인이 되기도 한다. 또 피부 밖으로 나와 있는 피부 진드기는 표피층의 피부를 날카로운 발톱으로 자극하고 돌아다니므로 비듬도 많이 생겨서 가려움을 동반하기도 한다.

- **가려움증 · 딸기 코 · 잔주름 · 기미 · 주근깨 · 검버섯 등 색소침작을 가속화**

   우리들은 낮보다 밤에 가려움을 느끼는 경우가 많은데 그 이유가 피부 진드기 때문으로 밝혀졌다. 데모덱스는 야행성 벌레이므로 밤에는 얼굴과 피부 밖으로 나와서 피부 표면을 날카로운 발톱으로 자극시키며 돌아다니기 때문에 가려움을 느낀다. 딸기코는 피부 진드기에 의하여 생기는 것으로써 데모덱스가 모세혈관을 자극하고 염증을 일으키므로 코를 중심으로 붉으스레한 증상이 나타나는 것이다. 얼굴 중 코 주위의 모공이 유독 넓은 이유는 데모덱스가 그곳에 특히 많이 서식하기 때문이다. 표피의 기저층 세포에는 색소를 형성하는 멜라노사이트(Melanocyte)라는 세포가 있는데 이 세포는 햇빛에 노출되지 않을 때에는 거의 작용을 하지 않으나 빛에 노출되면 티로시나제의 활성에 의해 색소가 증가하게 된다. 이때 피부세포활동이 건강하면 색소 침착이 잘 생기지 않으나 신체적 건강이 약해지거나 피부 진드기로 인하여 피부 세포의 활동이 약해졌을 때 색소 침착은 급속도로 진행된다. 또한 데모덱스 브레비스는 피지선에 기생하여 진피층의 주요 성분인 콜라겐과 엘라스틴을 파손시키며 세포조직과 모세혈관 즉 핏줄을 파괴시키므로 피부의 노화를 촉진시키며 피부를 거칠게 만드는 것이다.

 아름다운 살결 보존과 소나무

4) 모낭충 제거 방법

모낭충을 박멸하기 위해서는 모낭충이 살 수 있는 환경을 만들어
주면 안 된다. 모낭충은 알칼리성 물질을 먹고살기 때문에 세안제
와 화장품은 전부 약 산성제품으로 바꾸어야 한다. 시중의 대부분
의 비누나 세안제는 거의 알칼리성이나 제품 뒷부분에 알칼리성 /
중성 / 산성 여부가 작게 기록되어 있다.

또 모낭충은 피부 겉면의 죽은 세포, 즉 각질도 먹고사는데 꾸
준히 각질제거를 해주어야 한다. 모낭충의 또 다른 먹이는 사람의
모공에서 나오는 피지와 화장품 찌꺼기이다. 따라서 이중세안과
피지제거를 꼭 하여야 한다. 그리고 모낭충은 빛을 싫어해 밤에
돌아다니기 때문에 밤의 주변환경을 깨끗하게 만들어 주는 것이
좋다. 이불 등은 햇볕에 말리고 벼개잎 등은 깨끗하게 하여주어야
한다. 이뿐이 아니라 모낭충은 사람과 사람 사이에 옮기 때문에
수건을 항상 청결히 하고 분리 사용하는 것이 좋다.

25. 목 주름

1) 목의 피부조직과 주름이 생기는 원인 및 보호요령

목은 진피층과 피하지방층이 얇고 피지선이 적으며 받쳐주는 근육
층이 거의 없고 햇볕에 노출되는 부분이므로 주름이 잘 생기게

된다.

굵은 목주름이 생기게 되는 것은 안면주름과 마찬가지로 자연적인 세월의 흐름에 의한 자연노화와 수 십 년의 자외선 노출로 인한 광 노화의 합성으로 점차 탄력을 잃으며 생기는 주름이다. 특히 목의 피부는 눈가와 같이 피부가 얇고 피지선이 상대적으로 적어 건조하며 외부에 항상 노출되어 있으며 수시로 고개를 돌리고 구부리는 등 운동량이 많아 노화가 빨리 진행된다. 목주름은 크게 수평주름과 수직주름으로 나눌 수 있는데 수평주름은 20대 후반부터 안면주름처럼 서서히 피부탄력이 소실되면서 가는 수평 잔주름이 생기기 시작하지만 눈에 잘 띄지 않다가 30대가 되면 부쩍 표가 나고 40대가 되면서 더욱 늘어져 자세나 목의 움직임에 따른 굵은 수평주름이 뚜렷해진다. 수직주름은 목의 양쪽에 부채 살처럼 얇게 퍼져있는 '플라티스마'라는 근육이 40~50대에 과도한 지속적인 수축으로 수직으로 곧게 두 줄 잡히는 주름으로 이런 경우 흔히 칠면조 턱으로 불린다.

목주름을 보호하기 위해서는 자외선을 차단해주어야 하며, 얼굴 기초 손질 시에도 목 부분을 같이 손질해주어야 한다. 특히 취침 시간에 바른 자세를 취하기 위해서는 높은 베개는 피하여야 목주름이 지지 않는다. 술, 담배를 하면 피부의 모세혈관 확장으로 수분손실이 증가되어 거칠어지며 피가 저류 되면서 피부의 재생속도가 늦춰져 얼굴이 검어지고 칙칙하게 변하며 피부 노화가 가속화되고 니코틴에 의한 혈관 수축으로 산소와 영양공급이 부족하여 피부 노화를 가중시키기 때문에 술과 담배를 멀리 해야 한다.

 아름다운 살결 보존과 소나무

26. 알아야 할 피부관리

1) 비누세수를 하루에 여러 번 해도 되나?

지나친 비누세수는 피부의 노화를 재촉한다. 어느 정도 나이를 먹게 되면 지나친 비누세수는 피부를 거칠게 하며 노화의 원인이 된다. 피부의 표면은 피지 막이라는 얇은 기름의 막으로 에어 싸여져 있다. 이는 피부의 수분증발을 막아주는 역할을 하고 있다. 여성의 경우 30세 전후부터 피지의 분비가 쇠퇴하기 시작해 40세를 전후해서는 피지의 양이 확 감소하는 통계가 있다. 이것이 바로 나이를 먹게 되면 피부가 건조해지기 쉬운 원인 중의 하나이다. 비누로 세수를 하면 더러움과 함께 피지 막도 씻겨 나간다. 세수를 한 후 얼굴이 당기는 것도 이 때문이다. 잠시 기다리면 기름기가 분비돼서 원상으로 돌아가지만 피지의 분비가 쇠퇴한 중노년은 원상으로 되돌아갈 때까지 어느 정도의 시간이 걸린다. 자주 세수를 하면 피지 막의 원상회복이 안 된다. 피지가 충분하지 않으면 우선 수분 증발이 많아지고 피부가 건해지기 쉽다. 그리고 피부의 표면은 약 산성이지만 이는 피지 막에 의해 유지되고 있다. 약 산성으로 유지하므로 세균 등의 번식을 막아주며 알칼리성을 중화시키는 작용을 하게 된다. 피지 막 밑의 각질층은 장시간 알칼리성에 노출돼 있으면 염증을 일으키게 된다. 이처럼 피지 막이 없으면 피부에 이상이 생기기 쉬워진다. 피지 막의 재생은 젊은 사람일 경우 1시간 정도, 중 노년이 되면 3-4시간이나 걸린다. 그렇기 때문에 비누 등의 세안제를 사용한 세안은 최저 4시간 간격을 두어야 한다. 맹물로 씻으면 피부는 씻겨나가지 않기 때문에 여름에 땀이 나 자주 씻고 싶을 때엔 맹물로 씻으면 된다.

2) 세안은 미지근한 물로

뜨거운 물로 세안을 하게 되면 피부 건조의 원인이 된다. 중 노년 인 연령이나 건조되기 쉬운 피부를 가진 사람은 뜨거운 물로 씻지 않는 좋다. 피부표면의 피지가 지나치게 씻겨 나가기 때문이다. 피지는 온도가 높을수록 씻겨 나가게 되어 있다. 그리고 일반적인 세안은 미지근한 물로 씻게 되어 있다. 미지근한 물로도 더러움은 말끔히 씻겨나가게 되어 있다. 그렇다고 뜨거운 물로 씻어도 기름기가 더 씻겨 나갈 뿐 세정 효과엔 별 차이가 없다. 비누기가 남지 않게 말끔히 헹궈 내면 더러움이 남아 있지나 않을까? 라는 염려는 안 해도 된다. 미지근한 물이란 사람의 피부 온도 정도로 생각하면 된다. 뜨겁게도 차게도 느끼지 않는 36도 정도이다.

3) 피부 노화를 막아주는 방법

피부도 몸의 일부이다. 노화를 멈추게 한다는 것은 불가능하다. 피부의 쇠퇴는 노화현상의 한가지이기 때문에 멈추게 하는 방법은 현재로서는 없다. 그러나 노화의 속도는 환경에 좌우된다. 환경이 좋아지게 노력하면 노화를 늦출 수는 있다. 피부도 몸의 일부분이

기 때문에 젅시의 노화에 따라 퇴화해 간다 노화를 독촉하는 주
된 환경인자엔 스트레스, 휴식부족, 영양의 편협성 등을 들 수 있
다. 노화를 늦추기 위해선 스트레스를 가능한 쌓이지 않게 하고
즐겁게 지내야 하며, 수면을 포함해서 충분한 휴식을 취하고 편식
하지 말고 균형 잡힌 식생활을 하여야 한다. 피부는 다른 부분과
달리 자외선의 영향을 받게 된다. 단순한 기미의 원인이 될 뿐만
아니라 피부 노화를 독촉하는 자외선은 필요 이상으로 쓰이지 않
는 것이 피부 노화 방지 대책의 하나이다.

4) 아름다운 피부를 가꾸려고 하는데

여성들이 타인에게 좀더 아름답게 보이고자 하는 것은 본능적인
욕망의 하나이다. 그 중에서도 뽀얗고 윤기 있는 살결은 미의 첫
째 조건이라 해도 과언이 아니다. 옛날에는 살결이 뽀얀 여인을
보고 칠난지인(七難之人)이라 하였다. 이런 사람은 남성들을 너
무 매혹시킨다고 하여 그다지 그것을 아름다움이라고 평하지 않았
다. 그러나 시대적 변천에 따라서 최근에는 이런 여인이 인기가
있어 뽀얀 살결을 갖고자 무척 노력들을 하는 것을 볼 수가 있다.
다시 말해서 보디크림 맛사지를 하거나 우유 목욕 그 외에도 많
은 요령으로 시도하는 것을 볼 수 있는데 이런 것들은 피부가 다
소 부드럽게 느껴져 도움이 될지 모르나 기본적으로 아름답게 윤
이 나는 살결은 되기가 힘들다. 한편 체질적으로 윤이 나고 뽀얀
살결이 있는가 하면 살결이 꺼칠하고 아무리 단장을 하여도 남의
눈에는 아름답게 보이지 않는 살결도 있다. 이처럼 외적으로는 임

시 좋을지 모르나 그 살결을 기본적으로 아름답게 할 수는 없다. 근본적으로 윤기 있고 뽀얀 생동감이 있는 살결을 갖기 위해선 체내(體內)에서 분비되는 지방질과 땀의 양이 적당량으로 과부족 없이 배출되어야 한다. 한편 동양의학에서는 체질과 체력은 선천(先天)의 기(氣)라 하였다. 현대 의학에서는 부신(副腎)호르몬 작용과 변비증을 중시하고 있기 때문에 신장(腎臟)을 강화시켜주고 변비를 없애는 경혈지압요법을 꾸준히 실행하고 또한 과다한 땀을 배출시키는 것은 금물이다. 피부를 햇볕에 지나치게 노출하는 것은 좋지 않으므로 뜨거운 여름철에 해수욕장에서는 적당한 일광욕이 지혜로운 요령이다. 그리고 사우나에서 땀을 과다 배출하는 것도 살결에는 좋지 않으나 몸에 약간 땀기가 있을 정도의 운동은 더 없이 좋다.

5) 미용 목욕 법에 대해서

목욕은 피부의 청결과 피로회복이나 피부 건강을 목적으로 하기 때문에 미용을 목적으로 하는 목욕 법을 알아보면 다음과 같다.
첫째, 환절기 때의 피부는 건조상태이므로 수분 공급이 가장 중요하다. 목욕 전에 물이나 쥬-스 등을 미리 마셔 수분을 주고 목욕 후에는 열과 물에 의하여 빼앗긴 수분을 발라서 피부에 수분을 공급하여 주어야 한다. 다시 말해서 목욕 전에는 필히 냉수나 주-스를 마시어 수분 공급을 잊지 말아야 한다. 이는 갈증의 예방 및 발한 작용을 돕기에 피부 노폐물이 땀과 함께 배출해서 도움이 되기 때문이다.

둘째, 욕조에 있는 시간은 10-15분이 알맞다. 더운물에 의하여 자극을 받은 피부는 혈액의 순환과 신진대사가 촉진되어 피로회복에 도움이 되지만 그 이상이 되면 기운이 빠지어 역효과가 난다.

셋째, 비누의 거품은 되도록 많이 일구어 듬뿍 칠하여 준다.

넷째, 때밀이는 피부가 빨갛게 될 때까지 문지르는 이가 많다. 이것은 피부의 보호막까지 벗겨져 피부가 거칠어짐은 물론이고 각종 피부병까지 발생되기 쉽다는 것이다. 피부에서 거품을 충분히 냈다가 가볍게 밀어내는 식으로만 목욕을 하는 게 가장 좋다. 그러나 하얀 때가 나온다고 이태리 타올 등으로 힘껏 문지르며 목욕하는 여성이 있다면 빨리 그 방법을 바꾸어야 한다. 하얀 때라 함은 수분이 모자라서 일어나는 각화현상(각화현상은 30-45일에 1회)이므로 수분의 공급과 영양을 공급할 때에 사용한다.

다섯째, 헹굼은 잔여물이 남지 않게 충분히 구어 주며 마지막 헹굼은 목욕물을 보다 차게 하여 헹구어 주어야 만이 열려있는 모공을 수축시켜 줄 수 있다.

여섯째, 머리는 젖었을 때 가 가장 약한 상태이므로 마른 수건으로 눌러서 닦아내고 빗으로 거의 마른 상태에서 빗어주며 피부는 눌러서 닦아내고 소나무 팩 등으로 피부를 달래주면 인체에서 생성되는 피지 막의 힘으로 당신의 피부의 건강을 갖도록 노력하여야 젊음을 오래 간직할 수 있다.

우리 몸을 둘러싸고 있는 피부는 자연생태계의 변화와 같이 환절기 때는 민감하게 대응의 자세로 변하여 가고 있다는 것을 염두에 두고 피부관리를 하여야 한다. 특히 수분공급이란 피부의 탄력을 유지키 위 하여는 비싼 화장품보다는 자연에서 얻는 자연물이 제일 좋다는 것을 명심해야 한다.

6) 과음은 피부미용의 적

적당한 술은 혈액순환을 촉진시켜 오히려 피부를 윤택하게 하고 혈색을 좋게 한다고 볼 수 있으나 너무 많이 마시는 것은 역시 위장이나 간장의 기능에 영향을 주어 거칠어지거나 피부색이 검게 되어 좋지 않다. 술의 종류와 술을 마실 때 같이 섭취하는 영양분의 종류에 따라서는 이런 피부에 대한 좋지 못한 영향을 막아 줄 수도 있지만 여기서도 상식 밖의 일이 일어나고 있다. 술을 마실 때 미리 소화제를 먹거나 단백질을 섭취해 두면 여러 가지로 좋은 것으로 알고 있으나 이런 것들은 혈액의 성분을 산성 쪽으로 더욱 기울게 함으로써 피부가 민감하게 되어 거칠어지기가 쉽다. 피부 자체는 보통 약한 산성을 나타내어야 건강하고 아름다운 것이지만 혈액 성분은 정상적으로 약한 알칼리성이므로 고기나 생선 같은 산성식품을 안주로 곁들일 때는 반드시 과일, 야채 등의 알칼리성 식품을 섭취해야 한다. 술은 가려움증을 심하게 하거나 염증을 악화시키고 색소를 더욱 짙게 하므로 여드름, 습진, 기미 등이 있는 환자는 마시는 것을 삼가야 한다. 결국 술은 피부 미용에 이로울 것이 없다고 하겠으며 요즈음 같이 매일 과음하는 사람에게서는 간장의 기능을 해치는 것과 더불어 피부도 망가지고 있다고 볼 수 있다.

7) 눈가는 왜 잔주름이 쉽게 생길까?

눈가는 피부 두께가 0.06mm밖에 안될 정도로 극단적으로 얇다.

따라서 각질층도 얇아 수분이나 지방의 양이 다른 부위보다 적다. 천연 피지막 형성이 되지 않아 늘 건조하기 쉽다. 항상 노출이 되는 부위이고 표정을 만들기 때문에 주름도 잘 생긴다. 눈 주위의 근육은 둥글기 때문에 웃거나 화를 내는 등의 표정에 민감하게 움직여 주름을 만들어 낸다. 이러한 원인으로 생긴 표정주름은 곧이어 잔주름으로 발전하고 피부가 늘어지는 현상으로 자리를 잡게 된다. 커다란 눈 쌍꺼풀이 확실하게 진 커다란 눈매를 지닌 사람은 가장 조심해야 한다. 하루에는 평균 만 번 이상 눈을 깜박이기 때문에 눈 주위에 미치는 부담도 클 수밖에 없다. 또 눈 주위에는 도넛모양으로 퍼져있는 근육이 있어 웃거나 화를 내면 더욱 활발히 움직인다. 이는 눈이 큰 사람에게 더욱 뚜렷하게 일어나기 때문에 부담도 커지고 잔주름도 쉽게 생긴다. 윗 눈꺼풀이 퉁퉁한 눈, 윗 눈꺼풀에 지방이 많아 통통한 사람은 눈 꼬리 쪽으로 축 쳐져 늘어지는 현상을 조심해야 한다. 지방으로 인해 팽팽하게 팽창되어 있던 눈꺼풀은 나이가 들수록 피부가 저하되고 지방도 감소하기 때문에 바람 빠진 풍선처럼 피부만 남게 된다. 윗 눈꺼풀이 늘어지면 눈도 작아지고 어두운 인상을 주게 된다. 아랫 눈꺼풀이 통통한 눈, 아랫 눈꺼풀이 부풀어 아이 포켓을 만들고 있는 사람은 아래로 쳐진 눈을 만들기 쉽다. 아이 포켓은 안구를 받쳐 주는 부분인데 피부와 마찬가지로 탄력을 잃게 되면 근육이 약해져 이로 인해 눈꺼풀이 늘어지게 된다. 피곤해 보이거나 늙어 보이기 쉬운 타입이다. 얇은 한 겹 쌍꺼풀 눈, 이런 사람은 지방이 적어 눈꺼풀이 늘어질 염려가 적고 잔주름도 쉽게 안 생긴다. 그러나 뼈가 없는 아이 홈 부분은 움푹 패어서 자잘한 쌍꺼풀이 생겨 칙칙한 인상을 주기 쉽다. 나이가 들어 점점 지방이 줄어들면

더욱 늙어 보이므로 평소에 혈행을 촉진하는 눈 마사지와 밝은
아이섀도를 칠해 눈꺼풀이 팽창되어 보이도록 신경을 써야 한다.

8) 모공에 대하여

피부에는 ㎠당 100~120개의 모공이 존재하므로 우리 얼굴엔 2
만개가 넘는 모공이 있다. 일반적으로 모공의 지름은 약 0.02~
0.05mm로 매우 작아 보통 눈에 잘 띄지 않으나 나이, 계절, 여성
의 생리주기, 임신, 스트레스 등에 의해 피지분비가 과다해지면서
눈에 띌 만큼 커져버려 보기 흉하다. 이 모공은 피지선에서 생산
되는 피지(Sebum)를 운반하는 피지선관이 연결된 작은 관 구조
로 외부로 연결된 개구부를 지칭하는 말로 이 관은 피부의 보호
막 역할을 하는 피지를 24시간 끊임없이 분비하는 아주 작고 좁
은 관이며 이 좁은 관에는 미세한 털이 있으며 이 좁은 관을 모
낭이라고 한다. 이 좁은 관은 기저 세포 층으로 싸여 있는데 기저
세포에서 새로 만들어지는 각질층도 이 모공 속에서 만들어지며
각질의 부스러기는 피지 분비물과 함께 밖으로 배출된다. 모공이
땀구멍과 같다고 착각하는 사람들이 많은데 땀은 땀샘에서 분비되
는 것으로 모공과는 전혀 다르게 땀구멍을 통해 피부로 나온다.
모공이 넓은 피부는 깨끗해 보이지 않을 뿐만 아니라 무엇보다
항상 얼굴이 번들거려 지저분하게 보인다. 또한 모공이 열려 있으
면 모낭 내로 세균이 침입하기 쉬워져 피부 트러블을 일으키기
쉬우므로 반드시 모공이 넓어지지 않도록 예방하고 관리하는 것이
중요하다.

 아름다운 살결 보존과 소나무

9) 피부에 이상적인 수분은 어느 정도 필요할까?

피부 각질층은 15~20%의 수분이 함유되어 있을 때 가장 이상적이다. 비가 오는 날 피부가 좋아 보이는 이유가 바로 외부의 습도가 높아 피부 수분이 충분할 때에는 피부표면이 매끄럽고 탱글탱글해 보이며 수분이 부족할 때에는 거칠고 당기며 미세한 잔주름이 나타난다. 피부 노화를 위한 가장 기초적인 케어는 수분 케어 에서부터 시작하여야 한다.

10) 피부가 피로할 때는 빨리 회복시킨다

피로가 누적되면 피부 내에 각종 노폐물과 산화력을 가진 유해산소, 유리기 등이 축적되고 정상적인 신진대사가 저하되어 안색이 나빠지고 노화가 촉진된다. 따라서 피로는 그때그때 푸는 것이 바람직하다.

11) 피부색 이상이 왜 일어날까?

피부색을 결정하는 것은 주로 멜라닌과 헤모글로빈이지만 그 외 헤모지데린 비릴빈, 금속, 약제, 캐로틴 등도 관계한다. 일반적으로 피부색소 증강은 멜라닌색소의 증가에 의한 경우가 많으나 때로는 다른 색소도 관계되어 복잡한 색조를 띠기도 한다.

- **멜라닌 색소 이상과 그 피부색**

  멜라닌 색소에 의한 색소 증강은 광범위한 것과 일부에 국한되는 것이 있다. 또 멜라닌 색소의 침착이 주로 표피 기저 층에서 증가하여 갈색조를 띠는 형과 멜라노사이드가 진피 내에 존재하거나 또는 표피 세포의 붕괴에 의해 멜라닌색소가 표피 내에 떨어져 청색·회자갈색을 띠는 형이 있다. 멜라닌 액 속의 감소 내지 소실에 의해 피부는 흰색을 띠는데 이것은 표피 기저 층에 분포하는 멜라노사이드 기능의 저하 또는 감소 내지 소실에 의한 것으로 비란성(전신성 백지증 등)과 국한성인 것(심상성 백반)이 있다.

- **이상을 가져오는 원인은 멜라닌 색소만이 아니다.**

  혈관기능이 국한적으로 이상해지면 혈관이 확장되지 않고 주위가 홍조를 띠는 그 부분만 창백해진 채있다(빈혈성 모반). 이 경우는 멜라닌은 정상적으로 분포해 있어도 혈관이 수축하기 때문에 상대적으로 헤모글로빈의 양이 적어져 창백하게 보인다. 혈관증의 한 형인 적포도 주반(酒斑)은 확장된 혈관이 많아 적색반(赤色斑)으로 보이는 것이다. 간염 등으로 황색을 띠는 것은 비릴빈이 피부·점막에 침착하기 때문인데 그 외에도 피부가 황색을 띠는 것은 카로틴(감피증)이나 리코펜 등의 카로티노이드 침착 때문이다. 은(銀)이 피부나 점막에 침착 되면 특유한 회자청갈색(은피증)을 띠는데 은피증(銀皮症)에서는 동시에 멜라닌 침착도 곁들여 진다. 약제 장기 투여에 의해 피부에 약제가 침착되고 또 멜라닌 증가를 동반하는 색소 침착을 볼 수 있다.

 아름다운 살결 보존과 소나무

● 색소 이상을 가져오는 원인으로써

유전성 내지 선천성(모반성), 대사장애, 내분비 장애, 화학물 또는 약제, 물리적 요인, 염증, 감염, 자기 면역, 종양, 노화 등을 들 수 있다.

12) 아토피 피부병을 어떻게 하면 알 수 있을까요?

아토피 피부병은 티스푼의 뒷면을 이용하여 아토피 부위의 피부와 정상피부 두 군데를 약간 힘을 주워 누르듯이(긁는 것이 아니고 지그시 누른다.) 긁어내린 후 1분이 경과할 때까지 긁은 자리를 관찰한다. 긁은 자리가 주변보다 하얗게 변하면 아토피가 맞으며 1분 경과 시 하얗게 변했다가 원래의 피부색으로 다시 돌아오면 아토피가 초기 중이다. 그러나 1분 경과 시 하얗게 변했다가 원래의 피부색으로 다시 돌아오지 않고 약간 흰색을 띄고 있으면 아토피가 중기이고 1분 경과 시 하얗게 변해서 원래의 색으로 돌아올 기미가 안보이면 아토피 말기이다. 단 아토피 부위라고 생각한 부분도 하얗게 되지 않고 붉은 민감 반응을 보이면 아토피 피부병이 아니다.

13) 각질은 꼭 제거해야 한다

건조한 날씨에는 각질이 더욱 심하게 나타난다. 특히 이 각질은 미용과 피부에 영양공급을 방해하여 신진대사를 망치고 노화를 촉진하여 피부 건강을 해치는 요인이 된다. 각질은 피부 재생과정에서 생기는 죽은 세포이다. 인체의 가장 바깥에서 외부로부터 일차 방어막을 형성하고 있는 것이 바로 피부이다. 이러한 피부 세포들은 한 달을 주기로 새로운 세포로 계속 대체되고 있는데 이때 죽은 세포들이 보기 흉하게 피부에 남아있는 것이 바로 '각질'이다. 따라서 사는 동안 피부의 재생 순환은 계속 반복되기 때문에 각질은 평생 예방과 관리가 필요하다. 각질 즉 노화되거나 죽은 세포가 탈락되지 않고 남아 있으면 피부가 건조해지고 탄력성도 떨어져 주름이 생기게 된다. 이는 피부 재생력 등 신진대사를 떨어뜨리고 피부 노화를 부추기는 등 피부 건강을 악화시킨다. 제거하지 않은 각질이 쌓이면 유분과 수분, 영양의 흡수를 방해하여 각질은 더욱 두껍고 칙칙한 색깔이 되고 푸석푸석하고 칙칙한 생기 없는 피부로 만들어 버린다. 때처럼 하얗게 일어나 화장 뜨게 만드는 비호감의 일등공신으로 제거되지 못하고 남은 각질은 콧등, 팔꿈치, 발뒤꿈치 등에서 하얗게 일어나 비위생적인 느낌을 주며 화장품이 피부에 제대로 흡수되지 못해 화장이 잘 먹지 않고 뜨는 경우가 많이 생긴다. 따라서 칙칙한 각질을 제거하여 건강한 피부를 유지하기 위해서는 얼굴, 팔꿈치, 발뒤꿈치 등 각질이 많은 부위에 스팀타월을 5분간 올려놓으면 굳은 각질이 부드럽게 되어 피부에 강한 압박을 가하지 않고도 쉽게 각질을 제거할 수 있다. 따뜻한 물에 수건을 담그고 물기를 짜내거나 물에 적신 수건을 전자레인지에 1분간 돌려 스팀타월을 준비할 수 있으며 스팀타월 팩을 한 후 세수, 샤워를 하면서 손이나 부드러운 수건으로 피부가 빨갛게 되지 않을 정도로 각질을 벗겨 낼 수 있다. 또한 분말로 된 각질 제거 팩으로 피부 깊숙이 박힌 노폐물과 묵은 각질을 제거해주므로 일주일에 1~2회 정도 사용해주고 눈이나 입 주위 같은 민감한 피부는 제외한 나머지 얼굴 부위에 골고루 펴 바르고 5분 정도 지난 후 미지근한 물로 깨끗하게 씻으면 유연하고 맑은 피부를 유지할 수 있다. 또한 평상시 이용하는 화장품을 각질 제거용으로 구입하여 사용하는 것도 좋은 방법이다. 그러나 쌓이는 각질 제거에는 미리 예방하는 것이 제일 좋다. 각질층은 체내 수분 손실을 막고 외부 물질의 침입을 일차적으로 막아 주기 때문에 꼭 필요한 기본 각질층은 보호하면서 노화되고 죽은 세포로 이루어진 각질만 주기적으로 제거해 주어야 한다. 따라서 애초에 불필요한 각질이 생기지 않도록 수분과 영양공급을 꾸준히 하여 촉촉하고 건강한 피부 상태로 유지해야 각질이 악화되는 것을 막을 수 있다. 기타 꼼꼼한 세안과 기초화장으로 유분과 수분 균형 있게 공급해주고 특히 하루에 5~7컵 정도의 물을 마셔 수분 부족을 예방하여야 한다.

27. 여성이 남성보다 노화가 빨리 일어나는 것은?

여성이 남성보다 피부가 곱고 피부관리에 훨씬 공을 들이는데도 같은 또래의 남성들보다 피부에 잔주름도 많고 노화가 빨리 일어나는 것은 무엇 때문일까. 이것은 여성의 생리적 특성과 얇고 고운 피부구조 때문이라고 한다.

여성의 피부는 생리에 따른 한달 단위의 호르몬 주기변화에 의해 수분의 함량과 피지의 분비가 큰 변화를 일으킨다. 반면 남성은 호르몬의 주기변화가 없기 때문에 피부의 수분함량과 피지 분비가 늘 일정한 수준을 유지하고 있다. 그런데 피부에 있어서 수분과 피지의 변화가 잦은 것은 노화를 촉진하는 지름길 즉 잔주름을 많게 하는 중대 요인이 된다. 또한 여성의 피부는 구조적으로 남성보다 얇아서 윤활유 역할을 하는 피지의 분비가 적기 때문에 같은 나이 또래의 남성보다 잔주름이 많이 생긴다. 특히 여성의 흰 피부 색깔은 피부의 노화를 남성보다 빠르게 하는 결정적 요인이라고 할 수 있다. 흰 피부는 대체로 피부가 얇고 쉽게 건조해지며 모세혈관의 파열현상이 잘 일어날 뿐 아니라 햇빛과 바람 등 환경의 영향에도 민감해서 어두운 색깔의 피부보다 노화가 빠르게 진행된다. 우리의 몸은 20대 후반부터 서서히 노화현상을 전체적으로 일으키는데 피부의 노화 특히 주름살은 피부 가운데서도 진피층의 영양상태와 관련이 있다. 즉 진피층에 있는 콜라겐이라는 교원섬유와 엘라스틴이라는 탄력섬유들이 줄어들기 때문에 피부의 주름이 쉬 퍼지지 않게 되는 것이다. 또 피부를 강하고 단단하게 유연하고 탄력성 있게 해주는 단백질들이 신체의 노화와 함께 줄어들기 때문이다. 주름은 우리 몸의 어느 부위를 잡아당기거나 수축시킬 때 피부가 움직이면서 접히는 가운데 생기는 선을 말하는데 젊었을 때는 진피층의 탄력섬유들이 가지고 있는 탄성 때문에 접히는 선들이 대부분 원래 위치로 환원되면서 주름이 곧바로 퍼지기도 한다. 그러나 같은 동작이 반복되면 굵은 잔주름이 피부에 자국을 남기고 그 언저리에 결국 잔주름이 생기게 되는 것이다. 나이가 들면서 탄력섬유들이 변화하거나 줄어들게 되어 복원력이 약해짐에 따라 어느 정도 주름이 느는 것은 피할 도리가 없다.

특히 운동량이 많거나 많이 접히는 부위 예컨대 손과 발의 매듭 부위는 주름 투성이다. 또 잘 웃거나 얼굴의 표정이 풍부한 사람들, 이맛살을 자주 찌푸리거나 얘기할 때 눈을 추켜 뜨면서 이마에 주름이 잡히게 하는 습관 또 입술 가장자리를 일그러뜨리는 버릇 등을 가진 사람들은 모두 그 부위에 독특한 형태의 굵은 주름을 다른 사람들보다 빨리 갖게 된다. 자외선에 많이 노출되는 것도 노화 특히 주름과 관계가 깊다. 자오선에 피부가 많이 노출되면 진피층의 탄력섬유생성에 지장을 초래해 탄력을 잃게되고 표피에 영양을 제대로 공급하지 못해 피부가 얇고 건조해지면서 주름이 생기는 것이다. 따라서 자외선을 쬐인 후에는 즉시 수분과 영양을 공급, 가벼운 마사지 등 피부관리를 해두는 것이 주름이 생기는 것을 막고 노화를 지연시키는 것이다. 이렇게 볼 때 결국 40대 이후의 얼굴표정, 노화는 평소의 표정과 행동이 만드는 것이다. 따라서 남성들은 자기 아내인 여성들에게 평소 느긋한 마음과 부드러운 표정을 갖도록 배려를 하여주어야지 항상 젊음을 갖고 있는 아내와 해로를 할 수 있다.

28. 밤 화장과 피부미용

역사는 밤에 이루어진다는 말이 있듯 미인은 밤에 탄생한다는 말이 있다. 과연 밤 화장이 피부미용에 도움이 될까?

인체는 낮 동안의 활동으로 피로해진다. 피부도 생명이 있는 기관으로 수없이 먼지와 매연에 자극을 받아 노폐물을 반출하는 신진대사가 잘 안 돼 해가 지면 피로한 상태가 된다. 자연 피부는 유연성과 탄력성을 잃고 휴식과 영양물질을 요구하게 된다. 피로로 신진대사가 잘 안되면 수분의 함량이 줄어들므로 피부가 건강할 때로 돌아가는 수복력도 지장을 받게 된다. 밤에 충분히 쉬게 되면 영양이 보충되고 노폐물은 밖으로 반출됨으로써 기저층(基底層)의 세포분열 증식이 왕성해져 각화(角化)현상도 원활하게 돼 마침내는 피부가 팽팽해지고 윤택이 있으며 부드럽고 매끄럽게 되는 것이다. 따라서 피부표면을 청결히 해 피부의 신진대사가 방해받지 않도록 하고 혈액순환을 원활히 해 주는 것이 피부를 쉬게 해주는 것이다. 밤 화장은 밤에 일하는 직업여성이 아니라면 짙은 화장은 피부의 적이다. 그렇지 않아도 낮 동안 화장품에 의한 피로가 풀릴 때를 기다리고 있는데 짙은 화장으로 더 심한 피로를 주어서는 안 된다. 낮 동안 각종 매연과 먼지에 오염된 때를 제거하고 피부가 숨을 못 쉴 정도로 덮여 있는 화장을 지워야 한다. 이렇게 하는 것은 피부의 혈액순환을 돕고 피부의 자립성을 회복시키자는 것이다. 특정화장품이나 약용크림 등을 과신한 나머지 저녁마다 짙게 바르는 것은 피부의 피로 도를 높이고 피부노화를 촉진하는 행위이므로 하루에 몇 시간이나마 그런 것을 바르지 말고 자연 그대로 두는 것이 좋다.

29. 언제나 젊은 모습을 유지하려면

사람들은 흔히 '나이보다 젊어 보인다.'거나 '나이보다 훨씬 늙어 보인다.'라는 말을 많이 한다. 이 말을 음미해보면 외모는 나이에 따라 젊음과 늙는 것이 결정되는 느낌이 든다. 그러나 나이와 외모의 상태와는 별로 밀접한 관계가 있다고 할 수 없다. 나이보다는 평소의 생활 태도에 따라 젊음을 오래 간직할 수도 있고 금방 늙을 수도 있다. 그러므로 사람들이 나이를 먹으면 당연히 나타난다고 생각하는 노화현상은 사실 나이 탓이라고 하기보다는

 아름다운 살결 보존과 소나무

자신의 평소 생활 습관 탓이다. 생활이 건전하지 못하고 신신을 오용하거나 남용할 때 노화현상이 나타난다. '늦었다고 생각할 때가 빠르다.'는 속담과 같이 나이 불문 노화방지를 포기하지 말고 생활 패턴을 바꾸어 피부 노화를 막는데 노력 해야 한다. 사람들은 흔히 그 사람의 연령을 외모에 기준 하여 짐작한다. 제 아무리 60이 된 여자 분이 피부가 깨끗하고 젊어 보이면 노인이란 생각이 들지 않는다. 반대로 30정도 된 사람이 얼굴에 주름살이 많고 피부도 거칠어 보이면 젊었다는 생각보다는 늙었다는 생각이 앞선다. 나이가 젊어 보인다거나 늙어 보인다고 말하는 기준은 바로 피부다. 피부관리를 얼마나 철저히 하느냐에 따라 우리 모두의 생활 연령은 변할 수 있다는 것이다. 아무리 나이를 먹어도 항상 젊음 피부를 가질 수 있는 방법이란 매일 같이 피부에 물기를 공급해 주는 것으로 물로 씻는 방법과 습기를 공급하여 인체나 피부를 촉촉하게 유지해 주는 방법이 있다. 물과 피부가 접촉하면 피부 세포가 건강해지기 때문에 노화를 예방하고 언제나 젊음을 유지할 수 있다.

1) 피부 청결 유지

피부를 씻어낼 때는 미지근하거나 차가운 물을 사용하도록 하라. 그러나 지나치게 뜨거운 물을 피하는 것이 좋다. 이는 피부노화를 촉진시키기 때문에 바람직하지 않다. 비누칠을 하여 깨끗이 씻고 가능한 한 여러 번 맑은 물로 헹구어 내도록 해야 한다. 비누는 반드시 순한 것을 선택하여야 하고, 수세미 같은 것으로 피부를 닦는 것은 피하도록 해야 한다. 이유는 피부와 마찰이 생겨 상처를 입기 쉽고 피부에 지나친 자극이 되어 노화를 가속화시킬 위

험성이 높기 때문이다. 또한 가제 같은 수건으로 피부를 닦는 것
도 삼가야 하며 단지 손에 비누를 묻혀서 거품을 낸 뒤 부드럽게
피부를 닦아내는 방법이 가장 좋다. 비누가 순한 비누일수록 거품
이 잘 일어나고 피부에 대한 자극도 약하다. 그러므로 비누는 선
택할 조건이 갖추어진(소나무 천연비누란 참조)비누를 선택 사용
해야 한다는 것이다.

2) 피부의 습윤 유지

피부는 대기 중에 포함되어 있는 습기의 양에 따라 매우 민감한
반응을 일으킨다. 그런데 사람들은 피부의 이런 특성을 쉽게 잊어
버리기 때문에 실내의 습도를 적당한 수준으로 유지시킬 줄을 모
른다. 그래서 실내 습도가 몇 퍼센트가 되든지 상관하지 않는다.
그러나 사실 습도가 부족하면 피부 노화방지에 전혀 도움이 되지
않는다. 가장 이상저긴 실내 습도로는 35~40%로써 날씨가 맑은
봄, 가을날의 습도와 같은 수준이다. 이런 정도의 습도가 항상 유
지된다면 생활하기에도 매우 쾌적하고 피부의 건강에도 큰 도움이
되는 것은 물론 얼굴까지 예뻐 보이게 한다. 또한 호흡기 계통의
건강유지에도 큰 도움이 된다. 나이가 20대든 30대든 또는 40대
아니면 50대 이상이건 상관없이 언제나 적당한 습기를 주어 피부
의 노화를 방지하려면 실내 습도가 35~40%정도는 유지되어야
한다. 피부에 언제나 적당량의 습기를 공급하면 습기 공급이 적어
건조한 사람보다 훨씬 젊고 건강한 피부를 갖게 된다. 피부는 언
제나 촉촉한 느낌이 들 정도로 습기가 있는 것이 바람직하다. 피

부가 건조하면 쉬 거칠어지고 주름살도 빨리 생기기 때문에 실제 나이보다 훨씬 늙어 보인다. 피부 노화방지는 젊었을 때부터 시작하는 것이 가장 좋다. 20대부터 노화방지를 시작하면 나이를 먹어도 20대와 비슷한 젊고 건강한 피부를 가질 수 있기 때문이다. 이제라도 노화방지를 시작하면 그 나름대로 훌륭한 효과를 볼 수 있다.

3) 운동은 꾸준히

피부 노화방지를 위한 운동을 열심히 하면 여러 가지 효과를 경험할 수 있지만 특히 피부 건강 유지엔 뛰어난 효능이 있는 것으로 밝혀졌다. 일단 운동을 하면 피부 전체에 분포하고 있는 수백만 개의 모세혈관이 원활한 활동을 한다. 즉 운동이 모세혈관에게 하나의 자극제가 되는 것이다. 일주일쯤 계속해서 운동을 하면 모세혈관을 통과하는 혈액순환 량이 증가하고 산소와 영양을 공급해주는 적혈구의 수도 증가한다. 이처럼 운동을 하면 신체 전체에는 물론 피부 각 세포에 큰 효과를 남겨준다. 육체 운동을 열심히 해서 얻을 수 있는 또 다른 중요한 효과는 피부의 온도가 증가한다는 점이다. 운동을 하기 전 30~37℃이던 체온이 운동을 하면 38℃까지 증가한다. 이처럼 운동을 하여 체온이 적당히 증가하면 여러 가지 면에서 피부에 큰 이득이 된다. 피부 진피층에서 생산되는 콜라겐은 체온의 영향을 매우 많이 받는다. 체온이 증가하면 콜라겐은 매우 빠른 속도로 대량 생산된다. 콜라겐 외에도 진피층에 분포하는 다른 구성 요소들도 체온이 오르면 활동량이 증가한

다. 그 결과 운동을 하면 할수록 진피층이 두꺼워 지고 건강해 진
다. 또 피부 전체에도 점점 건강해 진다. 규칙적으로 열심히 운동
을 하면 피부의 탄력성이 눈에 띄게 좋아진다. 이런 눈부신 발달
을 하게 되는 까닭으로는 사용하면 더욱 발달하고 사용하지 않으
면 퇴보한다고 하는 노화방지법을 들 수 있다. 운동을 함으로써
증가하는 체온과 피부의 수축이완작용 때문에 피부 조직에 탄력성
이 생긴다. 탄력 섬유질을 생산하는 세포는 스트레스를 받을 때
더 활발해진다. 활동을 많이 하는 사람과 활동을 거의 하지 않는
사람들이 나이를 먹을수록 겪게 되는 피부의 차이에 대하여 연구
한 결과 활동을 열심히 한 사람의 피부는 탄력이 있고 유연성이
뛰어 났으며 피부에 주름살도 생기지 않고 혈색도 훨씬 좋은 것
으로 밝혀졌다. 물론 활동을 거의 하지 않는 사람은 정 반대의 결
과가 나타났음은 두말 할 나위도 없다.

30. 화장품과 약품의 남용은 억제되어야 한다

우리나라 사람같이 외제를 그리고 약 좋아하는 국민은 드물며 피부의 경우도
예외가 아니어서 약간의 피부 변화나 문제가 있을 때에도 원인을 생각지 않
고 화장품 원망을 하면서 약부터 바른다. 그러한 현상에 편승하여 화장품인
지 약품인지 분간 못할 어정쩡한 제품을 많이 만들어 화장품이나 피부약에

 아름다운 살결 보존과 소나무

관한 한 만병통치약같이 소비자를 세뇌하고 있다. 그러나 화장품이나 바르는 약품, 모두는 피부에 이 물질(異 物質)이란 데는 이의가 없다. 화장품이란 피부의 흠을 감추기 위한 수단으로 사용됐으며 약품도 궁극적으로는 피부를 연화시키고 매끄럽게 해줌으로써 피부가 부드러워졌다는 데 대해 거의 동일시 해왔다. 수세미 즙 등 식물성 기초화장품을 바른 것은 인류 생성이래 최초의 오너트릭스(Ornatrix)란 나이든 여자 노예가 코즈메티(Cosmetae)라는 어린 노예에게 가르쳐 상전에게 발라준 것이 화장의 시초라 할 수 있다. 그때는 물론 화장품의 부작용이 심했겠지만 요즘에도 부작용 없는 화장품은 거의 없다고 해도 과언이 아니다. 이로 인해 생기는 피부병 환자가 10~20%에 달한다는 것이다. 요컨대 화장품과 약품은 많은 공통점을 갖고 있다.

첫째가 둘 다 피부에 바르는 것이며, 둘째, 화학 물질이며, 셋째, 화장품에도 어느 정도 약리작용(알콜성, 살균성)이 있어 약품과 구별이 잘 안 되는 것도 있다는 것이다.

외국제 화장품이라고 무조건 좋은 것이 아니고 피부가 매끄러워지고 화장 발이 잘 받는다고 피부에 바르는 약을 남용하는 것이 더더욱 좋은 것은 아니다. 왜냐하면 백인과 유색인종과는 체질자체가 멜라닌활동억제도 백인들은 세포가 햇볕의 침공을 받아 방어기제를 발동, 시커멓게 되는 단계가 생리적으로 소멸되어 있고 흑인은 왕성하고 유색인종은 좀 덜한 편인 인종적 특성이 있기 때문에 피부에 복잡한 영향을 미치기 때문에 외제화장품이나 값비싼 화장품이 결코 좋은 것은 아니다. 약품도 피부를 좋아지게 할 수 있지만 자꾸 바르는 사이 피부의 저항력은 약화되고 그로 인해 피부에 어떤 부작용이 생기면 그보다 더 강력한 약을 바르지 않으면 좋아지지 않는다. 그러므로 체질에 맞는 화장품은 피부를 해치지 않고 아름다움을 줄 것이고 피부미용연고인 약품 역시 피부를 해치지 않고 피부의 트러블을 해소시키는 것이 좋은 것이다.

31. 피부고민을 해결해주는 천연 팩과 팩의 원리

1) 팩이란

'Package'라는 말에서 유래되었으며 '포장하다' 또는 '둘러싸다' '감싼다'라는 뜻을 가지고 있으며 마스크(mask)라는 용어를 사용하기도 한다. 이와 같은 팩은 얼굴을 '감싼다'는 의미로 외피에 피막을 형성하여 일시적으로 피부를 외기와 차단하여 증발하는 수분을 피막과 표피사이에 체류시켜 피부를 유연하게 하여 수분이나 유분, 기타 유효성분을 침투하기 용이하게 하며 팩제의 미용성분을 흡수하여 피부에 탄력을 줄뿐만 아니라 팩제가 마르는 동안 휴식을 취하여 정신적, 육체적 피로를 풀어주기도 하는 것이다. 팩은 짧은 시간에 미용효과를 높이는 방법으로 피부에 보습 및 청결효과, 피부 기능의 활성화 등 그 효과가 너무 많다. 이러한 팩은 고대 이집트 파라오 왕 시대에 이미 팩이라는 용어가 나왔고 클레오파트라도 진흙으로 팩을 사용한 기록이 있다. 고대 로마의 시인인 '오비디우스'의 기록에는 양의 털에서 얻은 기름성분인 라놀린에 벌꿀, 달걀, 밀가루, 바닷새의 배설물 등을 배합하여 팩으로 사용하였으며 네로 황제의 부인도 당나귀 젓을 이용하여 팩을 즐겼다는 사실이 나타나 있다. 그 후 고대 로마인들에 의해 점차 보급되기 시작한 팩은 여러 가지 천연재료의 사용으로 대중화되었으며 천연재료가 지닌 효능 효과에 의해 사용방법이 다양화되었다.

 아름다운 살결 보존과 소나무

2) 천연 팩과 팩의 원리

팩은 피부 표현의 죽은 각질과 모공 속에 쌓인 오래된 노폐물을 말끔히 제거 해 줌으로써 피부를 청결하게 만들고 피부와 팩 사이에 진공상태가 형성되면서 모공이 열리고 모공 속에 남아 있는 노폐물이 빠져 나오며 일시적인 외부 공기 차단으로 피부 온도가 상승되어 노폐물이 제거 깨끗한 피부로 만든다. 또 혈액과 임파액의 순환을 촉진시켜 피부 생리기능을 회복시켜주는 동시에 피부 속 깊숙한 곳까지 수분과 영양이 잘 흡수 될 수 있도록 도와주어 잔주름을 방지하며, 땀을 배설 방한작용을 높인다. 특히 자연에서 나오는 천연 팩은 비타민과 무기질이외에 많은 영양소를 가지고 있어 모세혈관을 튼튼하게 하여줄 뿐 아니라 피부를 맑고 하얗게 만들어 주고 피부를 긴장시키는 역할과 피부의 수분 함량도 높여주어 건조하고 잔주름이 있고 거친 피부를 싱싱하고 잡티 없는 피부로 만들어 주는 역할을 하며 보습, 영양효과는 물론 부작용이 적다는 것이 장점이다. 그러나 천연 팩을 하면 그 팩의 원재료의 영양성분이 피부에 흡수된다고 생각하는 사람들이 있지만 사실은 그렇지가 않다. 팩의 원리는 피부에 수분을 공급해주고 피부를 긴장시켜 피가 잘 통하게 하는 한편 남은 피부껍질을 엷게 벗겨주어 피부를 부드럽게 하는 역할을 하는 것이다. 다시 말해서 피부에 영양을 공급해주는 것이 아니고 피부의 거칠은 껍질을 상처 없이 벗겨내는 역할을 하는 것이다. 따라서 피부가 부드럽고 깨끗한 피부를 가지고 있는 사람이 더 고운 피부를 만들겠다고 빈번히 팩을 할 경우에는 피부는 상처를 받아 거칠어지고 얼굴이 검어지므로 팩은 각자의 피부에 맞게 횟수를 조정하여 피부가 두터운 사람은 자주 해도 괜찮지만 엷은 사람은 자주해선 좋지 않다.

3) 팩을 하기 전에 주의사항은 다음과 같다

- 팩을 하기 전에 깨끗이 클렌징하기
- 스팀 타-올로 얼굴의 모공 열어주기
- 얼굴에 거즈를 덮고 팩 바르기
- 20-30분 후에 미지근한 물로 헹구기
- 수분과 유분 공급을 위해 기초화장 하기

32. 미용 재료 이용의 허와 실

모든 팩과 그리고 좋다고 알려진 동, 식물성을 이용하여 세안을 하면 피부에 좋다고 알려져 있으나 꼭 그런 것은 아니다. 좀더 자세하게 알고 자기 피부에 맞는 팩과 세안을 할 때만이 피부가 좋아지는 것이다. 남이 좋으니 나도 좋다는 선입관을 버리고 상식적인 미용 재료의 허와 실을 알아서 이용하여야 한다.

- **녹차로 세안하면 눈가가 건조하여진다.**

  녹차 성분에 들어 있는 항산화 물질인 카데킨은 여드름 균에 대한 살균과 항염증 효과가 뛰어나 염증을 완화해준다. 또한 모공 내 피지와 노폐물을 제거하고 모공을 수축시켜주는 기능도 있다.

 아름다운 살결 보존과 소나무

그래서 녹차로 세안을 하면 여드름이나 지성피부에 효과적인 것으로 알려졌다. 하지만 피부 타입에 관계없이 녹차로 세안하면 눈가가 쉽게 건조해진다고 한다. 눈 주위에는 피지가 분비되지 않는 부위이기 때문이다.

● **레몬 즙으로 세안하면 피부가 깨끗해지고 하얘진다.**

레몬에 풍부하게 함유된 비타민 C이다. 레몬을 장기적으로 사용하면 피부 혈색이 맑아지고 피부 미백 효과도 기대할 수 있다. 하지만 레몬의 산성 성분이 피부 트러블을 유도하거나 향이 강해 피부에 바를 때는 부작용이 일어날 수 있으므로 레몬 한 가지만 사용하는 것보다 다른 제품과 함께 섞어 사용하면 좋다. 레몬과 곡물가루, 우유를 함께 섞어 팩을 만든 후 얼굴에 골고루 바르고 15분 정도 있다가 미온수로 깨끗이 헹궈내면 피부가 매끄럽고 보송보송 해 진다.

● **우유로 세안하면 여드름을 유발한다.**

우유 속에 있는 유지방이 여드름을 일으킨다. 우유 속 유지방은 거친 피부를 부드럽게 해주고 피부 속 묵은 각질도 제거해 준다. 건조한 피부에 사용하면 가장 효과를 보는 것이 우유인 셈. 하지만 우유를 자주 사용할 경우 유지방 성분으로 인해 여드름이 유발될 수 있다. 화농성 여드름 피부나 심한 지성피부는 사용하지 않는 것이 좋다. 유분기가 함유된 우유로 세안할 때는 미끌거리는 느낌이나 잔여물이 남지 않도록 여러 번 헹구어야 한다.

● **양파 팩은 피부를 민감하게 만든다.**

양파에 들어 있는 비타민 B · C등은 미백 효과가 뛰어난 성분이지만 양파를 생으로 사용하면 피부가 울긋불긋해 지거나 따끔거리면서 얼굴에 두드러기가 일어날 수 있다. 곱게 갈아 사용하는 것이 효과적이다. 양파를 삶은 다음 곱게 갈아 달걀흰자와 섞는다. 얼굴에 거즈를 두른 후 얼굴 전체에 펴 발라주면 화이트닝 효과를 볼 수 있다.

• 피부가 하얘지는 민간요법

조선시대 여인들이 이용했던 피부가 하얘지는 민간요법으로 돼지기름과 꿀을 섞어 팩을 한 요법이다. 돼지기름은 비누를 만들 때 사용되는 동물성 포화 지방산으로 피부가 트거나 각질이 일어날 때 발라주면 피부 보호막을 형성해 피부를 부드럽고 촉촉하게 가꿔준다. 꿀은 클레오파트라가 목욕할 때 이용했을 만큼 피부에 효과적인데다 소독 및 진정작용이 뛰어나 트러블 피부에 바르면 좋다. 돼지기름과 꿀을 섞어 꾸준히 발라주면 피부 노폐물 제거는 물론 미백효과도 볼 수 있다. 돼지기름 1/2과 꿀 1큰 술을 섞어 걸쭉해지면 피부에 바른다. 피부뿐만 아니라 모발에 발라주면 머릿결이 부드러워 진다

• 달걀흰자로 팩을 하면 각질이 일어날 수도 있다.

건성피부라면 각질이 일어난다. 달걀흰자는 지성피부와 여드름피부에 이용되는 천연 팩의 한 종류로 모공 내 노폐물을 제거하는 세정, 피지 제거, 각질 제거 작용이 있다. 두피에 이용하면 비듬도 제거해주는 천연 재료, 하지만 건성피부가 흰자로 팩을 할 경우 벗겨 내지 않아도 될 피지와 각질까지 제거되어 건조해 지면서 각질이 일어날 경우도 있다. 지성피부와 여드름 피부의 경우 노폐물과 피지를 말끔히 제거하려면 맥반석 가루와 섞어야 한다. 흰자와 맥반석 가루 1/2티스푼을 섞어 바르면 여드름 완화는 물론 피부가 아주 깨끗하게 된다.

33. 마사지에 대하여

- **마사지란?**

  고대 그리스어의 "masso, massein"의 반죽하다, 쓰다듬다, 주무르다의 뜻을 가지고 있다. 마사지는 손가락과 손바닥의 피부를 이용하여 각종 손동작과 마찰로써 피부에 적당한 물리적인 자극을 주어 피부와 근육의 대사를 촉진하게 하는 방법으로 이루어진다. 예를 들면 오쎄 마사지 동작은 아래→위, 중앙→귀 지압점으로 림프의 순환을 도와 피부진정, 긴장감 완화, 노폐물 제거 효과를 지녔고 마사지 후 안색이 맑아지고 붓거나 민감한 피부의 진정을 돕고 처진 피부의 리프팅 효과를 가진 마사지 법이다.

- **마사지의 효과**

  - 피부 접촉을 통해 혈액순환을 활발하게 촉진시킨다.
  - 피부의 신진대사를 원활히 한다.
  - 피부의 모세혈관을 튼튼히 한다.
  - 피부에 세정효과를 준다.
  - 기름샘과 땀샘의 역할을 활성화시킨다.
  - 조직의 노폐물을 제거 피부의 흡수능력을 확대시킨다.
  - 심리적 안정감을 준다.
  - 주름을 방지하며 탄력 있는 피부를 만든다.
  - 적당한 자극과 영양공급으로 피로회복, 건강한 피부를 만든다.

- 주의 점
    - 너무 힘을 주거나 근육의 흐름과 반대방향으로 마사지할 경우 주름을 늘게 하는 결과 초래
    - 손가락의 움직임을 원활히 하기 위해 크림을 충분 량 사용(크림이 부족하면 필요이상의 자극을 주어 피부트러블 발생)
    - 너무 자주, 오랫동안 마사지하면 피부에 자극을 준다.
    - 마사지의 동작이 너무 강하면 미세한 모세혈관이나 림프관이 파손될 수 있다.
    - 붉게 화농된 여드름이나 알레르기, 각종 피부질환이 있을 때, 그리고 일광으로 인해 심하게 붉어진 피부, 상처가 있는 피부에는 하지 않는다.
    - 생리 시나 심신이 불안정하여 피부에 트러블이 일어나기 쉬운 때는 마사지를 피하며 민감할 때도 마사지를 피해야 한다.

34. 물과 피부

1) 피부갈증을 덜어주어야 한다

피부는 몸의 상태를 가장 먼저 나타낸다. 그러므로 피부를 위해서는 몸의 수분의 균형을 적정하게 유지할 수 있을 정도의 수분을 섭취해 주어야 한다. 또한 피부에 수분이 부족 되면 피부가 당기고 각질이 일어나거나 피부보호능력이 떨어져 작은 자극에도 민감

해지는 등 각종 트러블이 생긴다. 반면 지나친 수분이 함유되어 있으면 피부가 붓고 들뜬 상태가 된다. 무엇보다 치명적인 것은 수분의 부족이 바로 주름의 원인이 된다는 점이다. 촉촉한 피부로 가꾸기 위해서는 적당한 양의 물을 마시고 가습기나 젖은 수건을 걸어두어 피부의 수분을 공기 중으로 빼앗기지 않도록 해주어야 한다.

2) 피부와 물의 온도

- 피부의 70~80%는 물이다. 사람마다 각각 차이는 있겠지만 피부 속 수분 함유율이 높을수록 어린 아이처럼 팽팽하고 매끄러운 피부를 유지하게 되는 것은 기본. 이러한 물은 기본적으로 피부와 아주 밀접한 관계를 지니고 있는 물질이다. 그렇기 때문에 그 온도만 적절히 이용한다면 원하는 이상의 효과도 누릴 수 있는 것이 바로 물이기도 하다.

- 먼저 0℃의 얼음물은 부기를 뺄 때 쓰면 효과적이다. 마사지할 때에는 얼음이 든 비닐 팩을 수건으로 감싼 후 꾹꾹 눌러 마사지 해주면 더욱 좋은 방법이다. 물론 피부에 직접 갖다 대는 것은 오히려 피부에 자극을 줄 수 있으므로 피하도록 해야 한다.

- 15℃ 내외의 찬물은 피부를 탄력 있게 만드는데 도움을 준다. 주요한 것은 우선 미지근한 물로 말끔히 세안한 뒤 마무리 개념으로 사용하는 물의 온도라는 점이다. 이때 냉장고에 소나무나 녹차 우린 물을 넣어두었다가 사용하면 피부 트러블을 없애는데도 도움을 준다.

- 33℃ 내외의 미지근한 물은 우리가 일반적으로 사용하는 세안 물의 온도다. 이 정도 온도가 세정력과 피부의 수분 보호의 적정 균형을 이루는 온도인데 비누 세안을 하면서 부푼 각질을 정돈시킬 수 있고 피지의 세정을 높여주어 세안 후에도 상쾌함을 느낄 수 있기 때문이다.

- 45℃ 이상의 뜨거운 물은 주로 욕조 목욕을 할 때 이용되는 물의 온도이다. 이 정도 온도면 피지 및 각질을 녹일 수 있기 때문에 기름기를 제거함은 물론 각질을 불리기 위한 전신 욕에 많이 사용한다. 하지만 자칫 피부가 거칠어지는 원인이 되기도 하기 때문에 10분 이상 담그고 있는 것은 피해야 하며 보습제나 오일 등의 마사지로 마무리 해주는 것이 좋다.

- 100℃이상의 수증기는 스팀타월로 팩을 할 때마다 이용한다. 뜨거운 물을 세숫대야에 받은 후 증기가 세나가지 않도록 수건 등으로 감싼 후 고개를 숙여 스팀을 직접 쐬거나 타월을 물에 적셔 스팀타월 팩을 하는 것도 괜찮은 방법이다. 주로 마사지 전이나 각질, 피지를 제거하기 전에 적합하며 과도하게 분비된 피지 제거와 모공 속 노폐물을 제거할 수 있어 지성피부에 더욱 효과적이다. 물론 민감한 피부라면 스팀 마사지 방법은 지향하도록 한다.

3) 수분이 너무 지나치거나 적어서도 안 된다

수분은 우리 몸 전체에 있는 수분의 25~35%를 소유하고 있다. 약 9ℓ에 해당하는 수분이 집중돼 있는 셈이다. 피부는 이 수분을 신체의 필요에 따라 조금씩 밖으로 배출한다. 정상적인 피부 감촉

 아름다운 살결 보존과 소나무

을 나타내기 위해서는 10~20%의 수분이 피부에 함유되어 있어야만 한다. 하지만 그 이상으로 지나치게 많으면 피부가 부풀고 들떠서 부석부석해 보이며 그 이하가 되면 피부가 갈라지고 거칠어 보인다. 이러한 현상이 장기화되면 피부의 보호막 기능이 떨어져 주름이나 피부 트러블 등 부작용이 발생한다.

4) 너무 철저히 세안하거나 사우나에서 찬물수건 사용 금물

대부분의 여성들은 화장을 철저하게 지우지 않으면 잡티가 생기거나 뾰루지가 생긴다고 믿고 그야말로 철저하게 이중 삼중 세안을 한다. 그러나 피부는 그렇게 철저한 세안을 감당할 만큼 두껍지 않다. 피부 표면은 기름기와 습기를 적당하게 유지해 주는 천연 크림으로 덮여 있다. 따라서 피부에 무리를 주지 않는 세안으로 이 천연성분이 닦아지지 않는 범위의 세안이 필요하다. 또한 열기를 견디기 위해 찬 물수건을 들고 사우나 실로 가는 것은 바람직하지 못하고 특히 머리를 감은 뒤 사우나에 들어가는 것 역시 끓는 물에 머리를 삶는 것과 다를 것 없어 해로운 행동이다.

5) 피부 수분을 보호하려면

세안을 자주 하거나 강한 알칼리성의 클렌저를 이용하면 수분 증발을 막기 위해 필요한 천연 피지 막까지 제거되어 피부가 건조하고 민감해진다. 따라서 피부를 닦아낼 때 피부에 자극 없이 닦아주는 것이 좋으며 너무 뜨거운 물은 피부 건조의 원인이 되므로 피한다. 또한 보습과 각질관리를 동시에 하는 것이 좋다. 우리는 촉촉한 피부를 위해 보습제품을 사용하고 열심히 물을 마시는 등 다양한 노력을 기울이지만 공기 중으로 수분을 빼앗기고 있다는 사실은 간과하기 쉽다. 피부과에는 수분을 지키기 위한 3분 룰이 있는데 바로 세안 후 3분 이내에 보습을 해준다는 것이다. 이는 샤워나 목욕을 했을 때도 마찬가지다. 세안 후 피부가 이미 건조해졌다면 워터 스프레이를 뿌려주는 것이 좋다.

6) 수영 후 더운물로 샤워하면 피부가 거칠어진다

수영장을 다니면서 피부가 거칠어졌다며 그 이유를 수영장 물의 소독 약 탓으로 돌리는 사람들이 있으나 진짜 이유는 수영 후 피부에 각질이 부풀어 있어 작은 물리적·화학적 자극에도 손상되기 쉬운 상태이다. 이렇게 약해진 피부에 비누칠을 하고 뜨거운 물로 씻어 내리는 샤워를 한다면 제아무리 탱탱한 피부라도 얼마 못 가 거칠어질 수밖에 없다. 수영 후 비누칠을 하거나 때를 밀어내는 행동을 삼가고 샤워 후에는 보습을 꼭 해줘야 한다.

7) 물 페팅으로 신진대사를 활성화 촉진

물로 얼굴을 두드려 혈 행을 좋게 함으로서 피부대사의 활성화를

 아름다운 살결 보존과 소나무

촉진시키면 깨끗하고 하얀 피부를 만들 수 있다는 것이다. 세안이 거의 끝날 무렵 물로 얼굴을 헹궈가면서 두드려주면 모공이 수축되고 피부도 원상태로 돌아가게 된다는 것이다. 얼굴을 문지르지 않도록 유의하면서 부드럽게 손으로 얼굴을 20~50회 정도 두드리는 것을 반복한다.

8) 물을 마심으로 막을 수 있는 성인병

수분의 조절기능을 좌우하는 것은 뇌의 간뇌(間腦)라는 부위에 있는 중추인데 이것의 작용이 둔해지기 때문에 노인이 되면 체내에 수분이 부족해도 목이 마르다는 느낌이 없다고 한다. 그러므로 몸은 점점 건조해지고 노화가 촉진한다고 한다. 특히 물을 마셔주므로 막을 수 있는 성인병은 뇌혈전, 뇌경색, 심근경색 등 순환기병이라고 한다. 이것은 뇌의 혈관과 심장의 근육 중의 혈관이 막혀서 일어나는 병인데 체내의 수분이 부족하게 되면 혈액이 농축되어 진하게 되므로 잘못하면 혈관 내에서 혈액이 굳어지기 쉽게 된다고 한다. 이러한 현상은 아침에 일어난 후 3시간 동안에 가장 심하게 일어나기 쉬우므로 아침에 일어나서 식전에 꼭 물을 마시는 것이 필요하다고 한다. 잠자는 동안에 우리들의 호흡기나 피부로부터 약 200㎖의 수분이 증발되어 아침에 일어날 때까지 적어도 200㎖의 소변이 방광에 고이게 되어 약 400㎖의 물이 밖으로 나가게 되므로 적어도 그만큼의 물을 아침에 보급해주어야 된다는 것이다. 또한 물을 마시면 감기도 예방할 수 있는데 그것은 세균이나 바이러스는 습기를 싫어하기 때문이라 한다. 습도가

60%이하로 내려가면 감기에 걸리기 쉬우므로 물을 많이 마시면서 체내의 습도를 높여주면 바이러스의 접근을 막을 수가 있다고 한다. 최근 미국 아리조나 영양연구소 D. 로버트선 박사에 의하면 비만증을 방지하고 몸무게를 감소시키는 가장 중요한 열쇠는 충분한 물을 마시는 것이라고 발표하였다.

IV 피부에 좋은 소나무

1. 소나무 가치

변비를 해소치 아니하고는 아무리 고귀한 보약을 먹는다고 해도 별 무소용이라는 점에 유의해야 한다. 더불어 식생활 개선 및 바른 식습관 정립이자기의 건강을 지킬 수 있고 아름다움을 오랫동안 유지할 수 있는 지름길이다. 특히 배가 축 늘어지거나 군살이 있거나 하는 것은 전형적인 노화 현상이다. 이것은 위나 장이 활력을 잃고 축 늘어진 것. 간장이나 신장이 비대해 있음을 뜻한다. 배에 기름이 낀 것은 틀림없이 장에 숙변이 괴어 있다고생각해도 무방하다. 배에 기름이 끼는 것은 남아도는 영양분을 몸 밖으로 다배설하지 못함을 말해 주는 것이다. 이것은 직장이나 방광의 기능이 노화로쇠약해졌음을 나타내는 것이다. 나이가 젊은 데도 비만형이 되는 사람의 경우는 자기 몸의 배설능력 이상으로 음식을 섭취한 결과 남아도는 지방이 몸에 남아있는 것이 원인이다. 다 장에 숙변이 끼어 있어서 그 결과 장의 활력이 약해지고 또한 숙변의 독소가 몸 안에서 역류(逆流)를 해서 몸 전체에 노화를 촉진하게 된다.

군살이 찐다는 것은 노화현상 이외의 아무 것도 아니다. 여하튼 배에 기름이 낀 사람이라면 장에 반드시 숙변이 끼어 있는 법이다. 이것은 매일 설사를 하는 사람의 경우도 마찬가지이다. 또 배가 나오지 않았어도 배 가죽이 축 늘어져 탄력을 잃은 사람의 경우도 숙변이 남아 있음은 마찬가지이다. 그 어느 경우도 위장의 기혈의 흐름을 활발하게 하고 숙변을 제거할 필요가 있음을 명심하여야 한다. 또한 술을 마시면 술의 주성분인 에탄올이 간장에서 분해되어 아세트알데히드(acetaldehyde)라는 성분이 몸에 유해물질로 분해되며 다시 아세트알데히드(acetaldehyde)는 분해하여 몸에 무해한 아세트산이 된다. 그리고 아세트산을 탄산가스와 물로 분해하는 것이다. 이 에탄올 분해 및 아세트알데히드(acetaldehyde) 분해 시 알코올 탈수소효소와 아세트알데히드(acetaldehyde)탈수소효소가 작용하여 분해를 는다. 이러한 일련의 과정을 통해 알코올이 분해되는데 이런 알코올 대사가 잘 되지 않을 때에는 숙취(宿醉)가 되는 것이다. 체내에 흡수된 에탄올 중 약 5%는 내쉬는 숨(呼氣)과 오줌에 소실되고 또한 에탄올이 혈중에서 소실되는 것은 주로 간세포에 흡수되기 때문이며 90%이상은 간장에서 대사되기 때문에 간장에서 에탄올대사를 담당하고 있는 효소계의 활성을 조정하여 주어야 숙취가 해소되는 것이다. 따라서 소나무에 함유되어 있는 시스테인(cysteine: 아미노산)은 효소의 활동을 촉진시켜 신진대사를 원활하게 하고 간에서의 해독작용을 좋게 해준다. 그러나 간장의 기능이 나빠졌을 때에는 독성작용이 아주 강한 아세트알데히드가 체내에 많이 쌓이게 되어 술이 쉽게 깨지를 못하고 머리가 아프며 전신의 컨디션이 나빠지는 숙취현상이 나타나면서 간장의 기능은 더 나빠진다. 이러한 숙취상태를 소나무로 만든 식품을 음용하게 되면 간장이 아세트알데히드(acetaldehyde)탈수소효소를 활성화시켜 에탄올 대사를 촉진시키는 결과로 숙취해소에 큰 효능을 발휘하고 있음이 임상실험 결과로 나타나 있다. 특히 소나무에는 간 기능회복에 도움이 되고 효소의 활동을 촉진시켜 신진대사를 원활하게 하고 간에서 해독작용을 좋게 하는 메티오닌 등 필수아미노산이 풍부하고 비타민과 무기질이 풍부하므로 술의 대사작용을 촉진시키기도 한다. 특히 독특한 약리작용으로 피부와 점막에 닿으면 자극을 일으키고 뇌를 자극해 흥분 또는 진정작용을 가지고 있어 향기요법에도 쓰인다. 변비를 배제하는 데는 조 섬유가 풍부한 현미, 통 밀, 해조류, 야채류 등과 맥주효모, 수산화마그네슘, 결명차 등이 좋다고 하나 소나무생즙은 생즙 자체가 함유되어 있는 각종 영양소에서 발생한 효소작용과 소화효소가 풍부할 뿐만 아니라 섬유질이 풍부해서 노폐물을 분해시키고 특히 장내 유용세균의 번식을 촉진시키는 인자가 풍부하다고 한다. 그리고 소나무가 가지고 있는 영양성분의 항산화 작용으로 땀샘에 막혀있는 각질제거 등 피부의 화장품 찌꺼기를 제거해주기 때문에 피부에 여러 증상의 염증을 개선시키는 데 효과를 기대할 수 있다. 소나무는 피부 턴 오버를 촉진시키며 젊음을 유지시켜주는 강력한 작용을 하는 '옥실팔티민산' 성분이 피부 활동을 강화시켜 주므로 피부가 생기 있어지고 안색이 투명해 솔 씨가 가지고 있는 성분으로 인해 미백효과까지 준다. 그리고 정유성분과 타닌 성분은 살균성이 매우 강하여 피부에 자극작용, 흉터 완화작용, 여드름 염증을 없애주는 작용을 하기 때문에 여드름 피부에 적당하며 또한 활성산소의 피해를 복구하고 막아주며 면역기능을 높여주고 세포 재생을 돕는 성분을 많이 가지고 있기 때문에 음용할 수 있는 소나무 발효원액을 병행한다면 조혈작용과 육아조직이 뛰어나 버짐이나 기미 등이 일시에 없어지는 피부 수렴, 정화 및 진정효과가 동시에 오게 된다. 따라서 소나무 마사지 팩이나 소나무 천연비누나 그 외 소나무로 제조된 모든 것을 한마디로 표현한다면 건강과 특히 여성들이 가지고 있는 피부를 유연하게 해주고 보습, 탄력증가, 안색을 편안하게 하며 화장발을 잘 받게 하여 건강한 피부로 가꾸어주는 특징을 가지고 있다. 이러한 일련의 자연치유력이 높은 소나무는 가장 광범위하게 쓰이는 민간요법의 약재 가운데 하나로 그 가치를 알아보면 다음과 같다.

1) 양명술로 본 소나무

우리나라엔 황토, 개펄, 점토 등 토양 가운데 기(氣)가 가장 충만한 곳이 있으며 거기에 뿌리를 둔 토종은 생명을 기르는 선약(仙藥)으로 이를 섭생하면 만병을 예방하고 오래도록 건강을 누릴 수 있다는 일종의 섭생법이 "양명술(養命術)"이며 바로 신토불이(身土不二)식 건강법이다. 이 양명술은 조선후기 고종의 건강을 보좌하는 낭청의 내시였던 이재우(李載祐: 1884~1963)가 대대로 왕실에 내려온 양명술을 체득, 임금의 건강을 보좌했다고 한다. 이러한 왕실 양명술을 그의 자손인 이원섭(李元燮:『왕실 양명술』저자, 초롱刊)에게 구술로써 전수한 내용으로 그 중 소나무의 귀중성과 약리학적인 가치를 다음과 같이 남겼다.

"조선의 토종 적송(赤松)은 나라 나무이며 국운과도 관계가 있다고 하였다. 고려 인종 때 소나무 병충해가 심해지자 인종은 북방의 병화(兵禍)를 겁냈으며 급기야 묘청의 반란이 발생했고, 고려 고종 때 소나무 병충해가 매우 심하여 5년 가던 병충해 끝에 국력이 쇠잔하여 몽고 침입이 일어났다고 했다. 소나무는 겨레의 방패일 뿐 아니라 겨레가 영원불멸하다는 선식(仙食), 즉 약용식량원이 된다 했다. 앞으로 소나무에서 무서운 전염병을 다스리는 약이 추출될 것이며 스트레스, 협심증, 폐암, 심장, 고혈압 개선제는 소나무라야 된다고 언급하면서 솔술, 솔차, 솔꿀, 불로괴도 그런 개선제라 했다"

 아름다운 살결 보존과 소나무

이와 같이 소나무는 불로장생을 위해서 신선이 사용했다고 전해지는 식물(植物)로 강정제로도 이용되어 왔고 양질의 프로테인과 비타민 A가 풍부하고 담즙의 분비를 촉진하는 역할 및 혈액을 정화하는 작용뿐 아니라 앞에서 기술한 바와 같이 동맥경화, 고혈압, 담 등의 성인병 치료 및 뇌경색, 망막과 언어장애, 풍기, 당뇨병, 기타 변비, 설사, 치질 등 많은 효능이 있다.

특히 소나무의 3대 약효로는 **심장강화, 고혈압강하, 강정이다.**

소나무를 먹고 있으면 적혈구가 증가하기 때문에 빈혈에도 좋고 모세혈관을 강하게 하는 루틴이 함유되어 있어 노화방지에도 효과가 있다고 한다. 두통이 잘 일어나는 사람, 두통이 지병인 사람은 거의 혈액이 산성으로 치우쳐 있으므로 건강의 핵인 혈액을 정상인 알칼리성으로 되돌려 정화시켜 주는 것이 두통 해소의 지름길이다.

2) 민간요법으로 본 소나무

최근 민간요법과 단약(單藥) 처방에 대한 관심이 고조되고 세계의 여러 연구소에서 소나무의 효능을 과학적으로 밝히면서 소나무 요법이 되살아나기 시작하고 있다. 한국은 아직도 연구소가 없다.

잎은 약으로, 열매는 식용으로, 수지는 테레핀유의 원료, 송피는 식용과 약용으로 사용되어 온 소나무는 우리나라에서 널리 알려져 있는 것만도 여섯 종류나 되지만 현재 자생하고 있는 것은 9종류이며 세계적으로는 100여종이며 소나무는 선인이 먹는 식품이고 장생구시(長生久視: 선인이 되는 수행법)에서 식량의 재료 중 하나로 질병에 효과가 있다고 하였다. 특히 소나무는 가장 흔하면서도 귀한 약재로 전체가 만병의 영약으로 평가하고 있다. 솔잎, 소나무 속껍질, 솔방울, 솔 씨, 송진은 말 할 것도 없고 솔뿌리, 솔꽃, 솔 마디, 복령, 송이버섯, 솔가지에 실처럼 늘어져 기생하는 솔라, 심지어는 소나무를 태워 만든 숯까지 모두 중요한 약재로 쓴다. 중국사람들이 의약의 신으로 떠받드는 염제 신농씨가 지은 "신농본초경"에는 인간의 수명을 늘리는 120가지 상약(上藥)중에서 솔이 제일 첫머리에 놓고 있다. 따라서 예로부터 소나무의 약성에 대한 기록을 종합해 보면 소나무는 성미가 따뜻하고 독이 없으며 맛은 시고 달다. 풍습을 없애고 몸 안의 벌레를 죽이며 가려움을 멎게 하고 머리털을 나게 한다. 내장을 고르게 하고 배고프지 않게 하며 오래 살게 한다. 피를 멈추게 하고 설사를 그치게 하며 살이 썩지 않게 한다는 등 전해 내려오는 약성은 무수히 많다.

3) 자연치유로서 본 소나무

● **독성이 전혀 없다.**

어느 물질이 생체에 어떤 변화를 주는지의 여부와 작용의 여부에 대해서 독성 여부를 알 수 있다. 즉 생체를 이루고 있는 세포나 조직, 기관에 변화나 상해를 일으키는 것과 세포나 조직, 기관에 직접 상처를 입히지는 않으나 그 작용, 다시 말하면 활동에만 변화를 일으키는 것이 있다. 따라서 어떤 물질이라도 독성이 강하면 훌륭한 약도, 식품도 될 수 없다는 것이다. 그러나 많은 고서와 현대 논문의 보고로 소나무에서 독성을 확인하였다는 근거는 찾아볼 수 없었다.

- **혈압을 정상화하다.**

    소나무의 성분 중 쿠에르체틴, 루틴, 타닌 등이 서로 상승해서 피를 맑게 하고 혈액순환을 잘되게 하여 동맥경화나 고혈압 등 뇌졸중의 예방과 치료에 특효를 보였다.

    또한 최근 소나무에서 sitostanol이라는 성분을 추출, 마가린에 첨가하여 고혈압 환자에게 섭취시킨바 콜레스테롤의 함량이 줄었다는 미국의 발표논문이 이를 입증해 주고 있다.

- **호르몬 분비를 왕성하게 한다.**

    우리 몸 안에서 보다 중요한 '부신피질세포'가 비대하고 증식되는 것이 인정되었다. 특히 임파구의 놀랄 만한 증대가 확인되었다.

- **면역력과 저항력이 증대한다.**

    장(腸) 안의 세균주 속에 있는 여러 가지 해로운 세균의 번식이 억제되고 유해(有害) 아민, 특히 히스타민 등의 발생이 억제되어 두통 등의 해소에 도움이 된다.

- **자연치유력에 효과가 있다.**

    인간의 몸속에 들어온 각종 이물(異物)과 독물, 혹은 체내 세포의 파괴산물이나 불필요한 적혈구나 백혈구, 지방 등을 탐식하고 소화해 무해한 것으로 만드는 대식세포(大食細胞, Macrophage)가 활성화하여 세균이나 바이러스 등의 감염을 예방하는 기능이 확인되었다.

- **혈액을 깨끗이 한다.**

  혈액이 맑고 깨끗해야 몸이 건강하다. 인체 혈액의 순환과정에는 크게 세 가지가 있는데 혈액이 전신 각 조직세포에 산소와 영양성분을 공급하고 노폐물을 거두어 오는 대순환, 폐로 들어가서 폐의 모세관을 통해 탄산가스를 내보내고 산소를 교환해오는 소순환, 그리고 위·장에서 흡수한 영양소를 간에 통과 체로 거르듯 해독시켜 대순환으로 다시 보내주는 문맥순환이 있다. 좀더 자세히 살펴보면 산소나 영양물질은 모세혈관으로부터 직접 조직세포로 옮겨지는 것이 아니라 동맥혈과 조직세포를 연결해주는 임파관 속의 임파액을 통해 산소와 영양물질을 건네주고 조직세포로부터는 탄산가스와 노폐물을 교환하여 혈액 속으로 돌려준다. 이러한 혈관 내에 콜레스테롤 중성지방, 인지질, 유리지방산 등의 노폐물과 스트레스로 인해 혈액의 흐름이 늦어지거나 막히면 활성산소가 대량으로 발생하여 혈관벽을 손상시켜 동맥경화를 유발할 수 있다. 이들이 모두 혈관을 막는 어혈의 범주에 속하며 그로 인해 뇌뿐만 아니라 심장에까지도 심각한 장애를 초래할 수 있다. 한의학에서는 "통측불통 불통측통(通則不通 不通則通)"이라 하여 혈액의 흐름이 좋지 않으면 통증이 발생하고 흐름이 좋으면 통증뿐만 아니라 각종 질병을 예방할 수 있다고 하였다. 이러한 원리 속에서 소나무에 함유된 물질들은 아주 중요하다. 특히 소나무에 함유된 섬유질의 역할은 혈관에 낀 노폐물이나 독소를 배출되게 하고 그에 따라서 혈행도 좋아진다. 특히 소나무가 가지고 있는 '불포화지방산'의 역할은 혈액을 깨끗이 하고 몸 안의 독소를 배설시킴으로써 모든 병에 대한 효과가 높아질 뿐 아니라 혼탁한 혈액을 깨끗이 하는 작용도 확인되었다. 특히 수용성 타닌은 물 속의 중금속과 잘 결합하는 성질이 있다. 중금속인 수은이나 카드뮴이 타닌을 만나면 '타닌수은, '타닌카드뮴'이 되어 이 유해 중금속 성분들이 혈액에 녹지 않고 오줌으로 배설되어 공해 독을 제거하여 우리 몸을 크게 보호한다.

● **피부 청정(淸淨)작용이 있다.**

몸 안의 독소와 호르몬 밸런스의 이상, 정신적 스트레스, 감식(減食) 등은 여성의 거친 살결과 기미를 만드는 조건이 된다. 이러한 조건을 해결할 수 있는 것이 소나무만 가지고 있는 성분이다. 다시 말해서 소나무는 항산화력이 강력해서 항산화비타민 작용을 하는 비타민E의 50배가 되며 비타민C의 20배가 넘어 모세혈관을 활성산소의 공격으로부터 지켜주고 혈액의 흐름을 좋게 하여 피부를 아름답게 하는 큰 힘을 발휘하게 된다는 것이다. 여성의 피부는 남성에 비해서 섬세하게 되어 있다. 이것은 콜라겐 단백질의 함량이 많기 때문이다. 소나무에는 이 콜라겐 단백질이 풍부하게 들어있기 때문에 살결을 탄력 있게 하고 부드럽게 하는 데 효과가 높다. 피부는 피지선(皮脂腺), 땀선(汗腺) 등 분비선에서 나오는 분비물과 밖으로부터의 먼지 등으로 더럽혀져 있다. 이것들이 피부의 두꺼운 층의 온도가 상승하고 혈관이 확장됨으로써 말끔히 씻겨나가게 된다. 따라서 소나무 식품을 섭취와 동시에 목욕을 병행하였을 때 온 몸의 땀구멍이 열려서 땀과 함께 몸 안에 축적된 독소와 죽은 세포(각질)가 빠져 나오기 때문에 피부가 매끄러워지고 반점이나 피가 맺힌 상처는 정상으로 회복되는 것을 확인하였다.

특히 피부표면에서 노화각질(비늘층)이 자연스럽게 탈락되지 않고 과도하게 쌓이는 생리적인 현상이 바로 피부 노화다. 이때는 세포 교체주기가 늦어지게 되어 피부는 거칠어지는 증상이 일어나며 동

시에 피부가 건조해지고 콜라겐 합성량이 감소되며, 신진대사 기
능저하로 주름이 생기고, 피부가 탄력을 잃고 늘어지게 되며 이때
피부의 탄력을 좌우하는 것은 진피층의 콜라겐이나 엘라스틴이다.
멜라닌 색소가 과잉 생성되어 기미, 주근깨, 검버섯의 원인이 되
기도 한다. 따라서 피지의 제거와 더불어 타닌 성분의 수렴작용과
염증제거에 좋은 효과는 물론 체취(體臭)도 말끔히 없앤다. 또한
타닌 성분은 항산화효과가 강하기 때문에 피부를 형성하고 있는
단백질이나 지방을 산화, 변질시키는 활성산소를 제거하는 데 효
과가 매우 탁월해 피부를 부드럽게 만든다. 그리고 수분대사를 잘
시켜주고 피부에 탄력을 주며 해독작용을 잘하는 소나무는 포괄적
인 여성질환에 좋은데, 타닌이 '멜라닌 색소'와 결합해 소변으로
배설하고 '멜라닌 색소'가 피부에 침착되는 것을 막아 살결이 희어
지고 탄력 있는 피부를 제공한다.

- **숙취 및 배설장해에 효과를 발휘한다.**

    배설장해로 인하여 통풍이 발생하는 원인이 되고 과음, 지방질의
    과잉섭취로 신장의 활동을 저하시키며 신진대사가 잘 되지 않아
    간장의 기능 장애가 온다. 이때 소나무생즙 음용과 소나무 잔류물
    (찌꺼기)탕을 겸용할 때 (3개월에서 1년) 간장의 활동을 정상화
    시킬 수 있으며 오줌의 양을 증가시켜 신장활동을 정상화함으로써
    요산(尿酸)의 배설을 증가시킬 수 있다.

- **정장작용을 한다.**

    건강을 위해선 정혈(淨血)을 기해야 한다. 그러자면 먼저 흡수기
    관인 장(腸)이 건강하지 않으면 안 된다. 따라서 소나무 생즙은

 아름다운 살결 보존과 소나무

장의 연동운동항진 즉 이는 수하력을 높여서 식욕을 추진시키고
또한 변을 밀어내는 힘을 지녀 변비도 해소시킨다.

- **강정(强精)의 효과 있다.**

  소나무의 3대 효능 중 하나이다. 성의 감퇴원인은 성호르몬 기능장
  애나 또는 성욕은 뇌에서 발생하므로 뇌 척추 장애 그리고 약제의
  남용과 간장의 기능저하이며 생리적인 장해가 없다 하더라도 현대
  인에게 가장 큰 욕구불만, 불안, 긴장, 걱정, 초조함 등의 스트레스
  다. 이것은 스트레스가 부신에 부담을 주기 때문으로 부신은 자극
  을 받아 부신피질 호르몬의 분비를 증가한다. 따라서 뇌하수체의
  부신피질 자극 호르몬(ACTH)의 활동은 증가하고 반면에 이 활동
  으로 같은 뇌하수체에서 분비되는 성선 호르몬의 방출이 제한된다.
  이런 것이 원인이 되어 여성에겐 월경 이상이나 무월경증이 생기기
  도 하고 남성에겐 임포텐스에서 반응성 우울병이 일어나기도 한다.
  특히 현대 생의학은 만성피로와 무력증이 '아스파틴산' 부족에 의
  한 세포질의 에너지 저하 때문이라고 증명하고 있다. 소나무에 함
  유되어 있는 풍부한 아미노산 중 '아스파틴산'과 아연, 유기동, 칼
  슘, 칼륨, 철 등의 무기질이 생명의 근원인 혈액의 헤모글로빈 합
  성을 돕고 신진대사작용을 잘해 만성피로와 스태미나를 증진시키
  고 남녀 성 기능을 강하게 한다.

4) 소나무의 영양성분 특징

솔잎에 없는 Vitamin B와 E는 송화가루가 묻어있는 송실에서,

부족한 탄수화물은 소나무 껍질 속에서, 부족한 지방은 솔 씨에서 보충할 수 있다. 따라서 소나무는 거의 완전식품이다. 특히 아스파라긴산과 아연, 유기 동, 칼슘, 칼륨, 철 등이 생명의 근원인 혈액의 헤모글로빈 합성을 돕고 신진대사작용을 잘해 만성피로와 스태미나를 증진시켜 남성, 여성을 강하게 한다.

소나무(송절)를 이용하여 만든 식품이 기적 같은 건강개선 효과가 나타나는 이유는 필수아미노산과 각종 성분이 몸속에서 여러 가지 생화학 작용을 하는 결과라는 것을 고문헌 이외에 최근 석·박사 논문에서 이를 입증해주고 있다.

예를 들면 쿠에르체틴, 쿠에르 이소쿠에르치트린, 루틴 등의 아미노산과 타닌 등이 서로 상승해서 피를 맑게 하고 혈액순환을 잘되게 하여 동맥경화나 고혈압 등 뇌졸중의 예방과 치유에 특효를 보인다. 또한 수분대사를 잘 시켜주고 피부에 활력을 주며 소염, 소종효과와 해독작용을 잘하는 소나무(송절)는 여성들에게 불청객으로 찾아오는 월경불순, 냉대하, 자궁염, 자궁수탈증 등의 포괄적인 여성질환에 좋고 타닌이 '멜라닌 색소'와 결합해 소변으로 배설하고 '멜라닌 색소'가 침착되는 것을 막아 살결이 희어지고 매끄러워지며 피부에 탄력을 준다는 것이다. 이와 같이 소나무는 완전식품이라고 할 수 있다.

소나무가 가지고 있는 몇 가지 영양성분의 특징을 소개하면 다음과 같다.

● 아미노산

일반 채소의 경우 aspartic acid와 glutamic acid의 함량분포가 거의 비슷한데 소나무의 경우에는 glutamic acid보다 aspartic acid가 약 2.8배 많이 함유되어 피로감을 회복시켜 주는 역할이 매우 크다. 특히 소나무가 함유하고 있는 유리아미노산은 생체활성물질의 구성성분으로 중요할 뿐 아니라 그 자체가 특징 있는 맛을 식품에 부여하기도 한다고 太田靜行(1976)은 보고한 바 있으며 小保(1969)는 아미노산 맛 분류에서는 glycine, alanine, threonine, proline, serine 등은 단맛을 leusine, isoleusine, methionine, plenyla-lanine, lysine, valine, arginine 등은 쓴맛을 aspartic acid는 신맛을 glutamic acid는 감칠맛을 갖는다고 하였다. 따라서 소나무 중에 함유되어 있는 주 아미노산인 aspartic acid, glutamic acid, serine, alanine 등은 정미성분과 부분적으로나마 밀접한 관계가 있다고 한다.

- **지방산**

  불포화 지방산은 광선, 온도 등의 물리적 요인에 대하여 불안정할 뿐 아니라 lipolytic acylhydrolase나 lipoxygenase 등의 효소에 의하여 산화 분해되어 변색 등을 일으키며 특히 과실, 채소, 식물 잎 중에는 이러한 불포화 지방산의 함량이 많아 과실, 채소의 저온장해, 잎의 황하, 과실의 착색과 밀접한 관계가 있는 것으로 Mazliak등(1963)은 보고한 바 있지만 소나무에서는 채취 후 저장조건이 적당한 때는 큰 문제가 없는 것으로 알려져 있다. 소나무의 지방질을 구성하는 지방산은 linolenic acid를 다량 함유하는 것이 큰 특징이라 할 수 있으며 전체 지방함량의 약 20%로 필수지방산이 다량 함유되어 있는 유용한 식물자원이다.

- **비타민**

  보편적으로 식용하는 한국산 야생식물에는 ascorbic acid가 시료 100g당 약 15㎎정도 함유되어 있다고 농촌진흥청에서 발표한 바 있으나 소나무는 야생식물과 비교할 때 많은 비타민 함량을 가지고 있으므로 염채류로서도 우수하다고 볼 수 있다. 그러나 비타민은 열처리에 그 함량이 약 반 정도로 감소된다고 한다. 임화재 등은 「한국인 상용식품 중의 리보플라빈 함량 추정에 관한 문제점」이란 논문에서 발표한 바와 같이 리보플라빈의 경우 햇빛에 노출된 시간과 잔존 율은 반비례 관계를 보인다고 하였고 Herried(1952)의 연구에서도 비타민의 파괴 율은 겨울철보다 여름철에 더 크다고 보고되어 있는 것으로 보아 비타민은 열과 광선에의 노출이 손실을 초래하므로 식물성 추출물은 열처리를 하지 않는 것이 좋은 것으로 사료된다.

- **무기질**

  무기질은 채소로부터 공급되는 중요한 성분으로 종류와 품종에 따라 다르며 식물이 자라는 토지의 pH와 유기물의 미량원소 함량에 따라 차이가 크다고 학자들은 보고하고 있지만 소나무는 위와 같은 것과 상관없이 타 식물보다도 무기질 함량이 높아 우수한 엽록소 식품이다.

- **식이 섬유소**

  식이 섬유소는 그 구성요소와 물리적인 성질에 따라 영양학적 측면에서 다양한 물질이라고 신효선(1985)은 발표한 바 있으며 Labuza(1979)등은 보수성이 커서 물분자가 식이 섬유의 표면에 흡착되거나 식이 섬유 틈새에 침입하여 식이섬유의 용적을 증가시킨다고 하였듯이 소나무에서 착즙한 생즙에는 NDF(Neutral

Detergent Fiber), Hemicellulose, Cellulose, Lignine 등
의 함량이 높아 약용이 높은 식품이라고 평가를 받고 있다.

5) 소나무는 자연에서의
대표적인 식물로 평가할 수 있다

동양의 식물 중 으뜸이며 영양(營養)의 보고(寶庫)로 알려진 소나
무를 복용한 사람이 장생한다. 이 소나무에 관련된 선인들의 견해
를 보자면, 많은 장수비법을 우리에게 남겨준 우리의 산야에 청정
하게 서있는 소나무는 송수천년(松壽千年)이라 하고 장명(長命)을
송령(松令)이라고 했으며 산중에 들어간 수행자인 선인(仙人)은
곡물을 피하고 솔잎을 상식하여 그 정기(精氣) 때문에 천안(天眼),
천이(天耳), 숙명(宿命), 타심(他心), 신족(神足)의 오통력(五通
力)을 얻어 장수를 유지할 수 있다는 선인들의 체험담 등이 있다.
이와 같이 우리 민족은 늘 푸른 산야에 늠름하게 서있는 소나무와
같이 살아 왔으며 국가의 수난 때마다 우리 민족에게 허기진 배고
픔을 달래주었고 등산객이나 몸의 피로를 풀기 위해 찾는 많은 사
람들에게 서늘한 그늘과 삼림욕을 제공해 주었다. 소나무는 세월의
무상함을 깨닫지 못하는지 예나 지금이나 어느 환경에 처해 있더라
도 변함없이 청순함과 꿋꿋한 자태를 보이면서 그 자리에 항상 서
있다. 이를 거울삼아 우리 민족은 절개와 인내, 당당함과 겸손을
배우며 이를 사랑한다. 이러한 소나무는 우리나라 자원의 보배로서
큰 군락을 이루고 큰 산에 가장 넓은 지역에서 자생하고 있으며 예
로부터 잎(松葉), 꽃가루(松花), 송진(松脂), 솔방울(松實), 껍질

(松皮), 뿌리(松根) 등 모든 것은 구황식품(救荒食品)만으로 이용
된 것이 아니고 약용으로도 많이 이용되어 온 아주 영험(靈驗)한
식물로서의 면면이다. 이런 소나무에 함유되어 있는 천연물질 중에
는 생체에 대한 기능성 물질이 존재하고 있음이 보고되고 있다. 특
히 과거 과학적 입증 없이 경험적으로 이용되어 왔던 생약제재들은
면역계, 내분비계, 순환계 등에 중요한 영향을 미치고 있음이 점차
알려지고 특정 생약의 경우 만성간염, 류머티즘, 관절염, 신장염 등
과 같이 현대 의약으로도 완전 치유가 어려운 자기면역질환(auto-
immune disease)에 대해서도 임상적으로 그 효과가 인정되고
있어 이들이 면역계에 어떠한 중요한 역할(immunomodulating
activity)을 하고 있다는 것이 이제는 과학적으로 하나하나 입증
되고 있다. 이 중 하나가 백목지장(百木之長)이요, 만수지왕(萬樹
之王)이요 노군자로 일컫는 소나무(송피, 송엽, 송실, 송지)가 약
성이 있는 자원으로 인정받고 있음을 말할 수 있다. 이러한 자연식
물을 원재료로 하여 제조된 소나무 식품은 외관, 구성, 형태 등 시
각적인 특징과 향미 등 구강 내 화학적인 반응, 그리고 식품의 영
양생리 등이 신체부위에서 나타나는 반응 등 직접 오감에 의하여
인지되므로 이 식물을 복용함으로써 커다란 즐거움을 주고 더 나아
가 예부터 구황식품으로서 우리의 민족의 허기진 배를 채워주는 등
민족의 애환을 같이한 나무로 풍부한 약효를 가지고 있는 식물이기
에 소나무를 접할 때 즐거움은 더욱 큰 기쁨으로 나타날 수 있기
때문이다.

 아름다운 살결 보존과 소나무

2. 소나무를 이용한 한증요법과 미용

1) 건강 목욕법

목욕은 피로를 풀기 위한 수단뿐 아니라 피부미용 및 신진대사에 의한 원활한 혈액순환으로 건강한 몸을 유지하기 위한 행위로서 어떠한 목욕이 좋은지를 알 필요가 있다고 사료되어 건강한 목욕에 대하여 기술하고자 한다.

사람들은 피로를 푼다는 명목하에 목욕을 자주 하면서 뜨거운 물 속에 오래 들어가 있는데 이러한 행위와 습관은 결코 좋은 것은 아니다. 이것은 산소의 소비량이 증가하는 데다 에너지의 소모도 늘어나 오히려 피로를 가중시키기 쉬운 이유이고 특히 목욕으로 소모되는 에너지는 욕탕 물이 '불감온도'일 때 가장 적고 33℃에서 15%, 39℃에서 20%정도 그리고 41℃에서 25%, 43~45℃에서는 50%이상 늘어난다.

'불감온도'란 탕 속에 들어갔을 때 36℃ 안팎의 체온과 비슷해 뜨겁지도 차갑지도 않게 느껴지는 욕탕물의 온도이고 목욕이 가능한 최고온도는 45℃이며 일반적 목욕온도는 42℃이다. 몸이 온전치 못한 환자는 될 수 있는 한 목욕을 하는 요령이 필요하다. 즉 고혈압이나 동맥경화증, 심장병 등이 있는 사람은 반드시 '미온욕'을 해야 하고 입욕 시간은 20~30분 그리고 주일에 1~2회 정도가 좋다고 한다.

'미온욕'은 36~39℃ 정도로 욕탕에 들어갔을 때 따뜻하다고 느끼는 정도이며 욕탕에 들어갔을 때 뜨겁다고 느낄 정도인 '고온욕'(42~45℃)이나 '냉수욕'(15~20℃)은 심장 혈관질 환자들에겐 좋지 않다고 한다. 물의 온도가 체온보다 약간 높은 미온욕은 피부 혈관을 확장시켜 혈액이 피부 쪽으로 몰리게 하고 내부 장기로 가는 혈류량은 상대적으로 줄어들게 해 혈압을 낮추고 심장의 부담도 덜어주기 때문이라고 한다. 그러나 강도 높은 노동을 한다거나 심한 육체피로에 시달리는 사람 그리고 통증 환자들에게는 '고온욕'이 좋다고 한다. 이는 육체 피로의 원인물질인 젖산을 제거하는데, 고온의 자극으로 교감신경이 흥분되어 몸에 활력을 주기 때문에 '고온욕'이 효과적이라고 하며 5~10분 정도가 가장 적당하다고 한다. 그러나 이외의 사람들은 고온 물보다는 미온 물이 오히려 피로회복에 낫다고 한다. 물론 고온욕이 혈액순환과 신진대사를 자극해 단시간에 피로를 풀어주는 효과가 크기는 하지만 심혈관 질환 환자에게는 위험하기 때문이다. 42℃전후의 고온탕에서는 혈류 속도가 빨라져 맥박수가 증가하는데 입욕 직후에는 맥박이 분당 120회로 빨라지고 5~6분 후에는 170회까지 증가한다. 또 혈압은 입욕직후 10~20mmHg 올라가고 장시간 있으면 30~40mmHg까지도 상승하기 때문에 심장기능이 저하된 사람, 심장병이 있는 사람, 노인 등은 36~39℃의 미온욕이 바람직하다는 것이다.

또한 자율신경 실조증과 류머티스성 관절염 등 골·관절계통이 좋지 않은 사람들에게는 냉탕과 온탕을 오가는 냉·온 교대욕이 효과적인데 이 목욕법은 45℃의 온탕에서 5분, 16℃의 냉탕에서 1~3분 정도 머물고 이러한 행위를 3회 정도 반복하되 처음과 끝은 반드시 온탕에서 끝내야 하며 냉·온수의 온도차는 15~25℃가 적당하다고 한다. 이는 혈관의 탄력을 증가시키고 혈액순환을 더 원활하게 하는 효과가 있어 일반인들의 건강증진에 좋다. 정상인의 경우 냉온 교대욕은 여름에 더위를 덜 타게 하고 겨울에도 추위를 잘 견디게 해주는 효과를 기대할 수가 있다고 한다. 냉욕 대신 냉수로 샤워하는 방법도 가능하다고 한다. 그러나 고혈압, 당뇨 등 성인병이 있는 사람과 노약자는 냉·온욕을 삼가고 차라리 하반신만 미온상태의 욕조에 담그는 '반신욕'이 좋다. 약 20분 정도 시간이 지나면 몸에서 땀이 흐르고 내부 장기의 혈액순환도 촉진되기 때문이다. 또 열기욕의 최고온도는 100℃이며 젊고 건강한 사람도 110℃가 한계이므로 사우나를 할 때 뜨거울수록 좋은 것은 아니다. 그리고 사우나는 급하게 서두르는 것보다 시간적 여유를 갖고 하는 게 좋으며 식사 직후는 피하는 게 좋다고 한다. 특히 항상 머리가 복잡하고 스트레스에 시달려 초조하고 불안한 사람은 교감신경을 자극하여 흥분을 유발시키는 고온욕보다 부교감신경을 자극하여 진정시키는 효과가 있는 미온욕으로 1시간 30분 정도 시간적 여유를 가지고 하는 것이 바람직하다.

그리고 목욕을 할 때는 "때"를 벗기지 않는 게 좋다. 때란 피부의 일부로 피부의 보호막을 형성하는 각질층이 물에 불어서 피부와의 결합력이 약해진 것이기 때문이다. 우리 피부의 각질층은 외부환경이나 벌레 등의 자극으로부터 몸을 보호하는 작용을 한다. "때"를 민다고 힘주어 각질층을 벗기게 되면 이런 보호작용을 못하게 되고 피부의 성질도 민감해지게 된다. 따라서 피부에 묻은 기름이나 먼지 등을 없애려면 비누칠을 하고 가볍게 샤워하는 정도가 바람직하다. 이때에도 자기환경에 맞도록 고온욕이나 미온욕을 한 후에 샤워해도 무방하다고 한다. 이러한 목욕 요령을 숙지하고 소나무를 활용하여 한증요법을 실시한다면 건강에 대한 효과가 상당히 크게 될 것이다.

2) 소나무 가지를 이용한 땀

옛날부터 전해지는 전통 치료법으로 신경통, 류머티즈 관절염, 산후 요통에 탁월한 효과가 있다. 급성질환에 쓰는 방법으로 집에서 하는 진한 삼림욕이라고 할 수 있다. 솔잎포를 환부에 붙이는 솔잎 찜질도 이 방법을 응용한 것이다. 요즘은 농촌에도 보일러 시설이 보급되어 소나무 가지를 이용하여 땀을 흘리는 요법이 많이 사라졌으나 과거에는 어느 마을에서나 이 방법을 사용했다. 최근에는 현대화된 찜질 방에서 소나무 가지를 이용하여 땀을 흘릴 수 있고 일반 보일러 주택에 사우나 시설을 시공하는 업체가 생겨났으며 방안에서 사우나를 즐길 수 있는 간이 사우나 기계도 시판되어 도시에서도 소나무를 이용하여 땀 흘리는 것이 가능해졌다. 소나무 땀의 원리는 아주 간단하다. 온돌방에 목화솜 요나 비닐을 깔고 삶은 솔잎과 솔가지를 깐 다음 소금을 뿌려 진액이 잘 베어나게 한 뒤 두꺼운 솜이불을 덮고 그 속에서 땀을 빼는 것이다. 이때 두꺼운 솜 요를 덮으면 공기 중으로 정유가 휘발되는 것을 막아 피부에 테르펜이 직접 닿게 할 수 있다. 더운 열기로 해서 몸 안의 노폐물이 빠져 나오고 혈액 순환도 빨라져 정유가 온 몸으로 신속히 퍼지게 되므로 매우 과학적인 치료법이다. 인산 김일훈 옹의 저서 『신약(神藥)』에 의하면 간장 질환의 특별한 치료방법으로는 진 웅담 0.8g을 소주 10cc에 타서 마시고 솔잎 땀을 낸다. 즉 솔잎 두 가마니를 채취하여 온돌 방바닥에 넓게 편 다음에 방바닥이 뜨겁도록 불을 땐다. 그리고 솔잎 위에 홑이불을 펴고 엷은 옷을 입은 다음 홑이불 위에 누워 이불을 덮고 머리에도 수건을 덮고서 찬 기운이 범하지 않게 한다. 몸이 너무 더운 데 비하여 머리가 차면 오한이 나서 두통 등의 부작용이 발생한다. 한참 뒤 약간 원기가 빠지는 것 같아도 탈진(脫盡)되지는 않는다. 땀을 푹 내고 땀을 식힐 때에는 갑자기 식히지 않도록 주의해야 한다. 만일 이를 소홀히 하게 되면 오히려 해로울 수가 있다. 이는 웅담을 술에 타서 마시는 경우 술이 간으로 넘어가면서 웅담도 간으로 들어가 퍼져서 간장의 염증을 치료해 주기 때문이라고 한다. 송절 땀〔松節取汗〕이 신비로운 것은 뱃속의 병균인 염증이나 자궁의 병균인 염증이 깊숙이 자리잡고 있다가 소나무 가지를 이용하여 땀을 내면 땀과 함께 증발하여 땀구멍을 통하여 밖으로 나온다. 인체의 외부에는 우주공해와 병독을 전염하는 세균, 암의 질병을 유발하는 병 핵소 및 산소 중의 산 핵소를 침해하는 요인들이 있어서 이들이 체내의 기가 약해짐을 틈타 인체의 내부로 깊숙이 침입하게 된다. 소나무 땀을 내게 되면 증발하는 소나무에 있는 송진 기운이 땀구멍을 통하여 체내로 들어가게 되는 데 소나무의 송진 성분은 힘줄(筋)과 뼈를 튼튼하게 해주고 모든 기생충을 죽이며 썩은 살을 제거하는 동시에 새살이 나오게 하는 작용을 한다.

고혈압, 공해병 등 각종 난치병 전반의 치료에는 땀구멍 주사 방법을 쓴다. 땀구멍 주사는 소나무를 이용한 일종의 땀 내는 방법으로서 골수 암, 간암, 간 경화, 소아뇌염, 간질, 월경불순, 산후 풍, 늑막염, 신경통, 저혈압 등 여러 가지 질환에 두루 쓴다. 온돌 발바닥에 솔잎을 약 10㎝ 두께, 1.2m 폭, 1.8m 길이로 고르게 펴고 그 가운데 부분에 약쑥을 800g 가량 깐 다음 그 위에 다시 약 10㎝ 두께로 솔잎을 편다. 여기에 홑이불을 깔고 온돌방을 달군 후에 환자는 병에 따른 약을 복용한 뒤 그 속에서 가벼운 이불을 덮고 푹 땀을 낸다. 땀 낼 때에 숨 막히지 않도록 주의한다. 이때 내복하는 약으로 토산 웅담 0.4g(외래산 진품일 경우 0.8g)을 소주에 타서 마시고 30분쯤 지나서 천마탕(天麻湯) 달인 물에 결명주사 가루 2g을 섞어서 마신다. 하룻밤 푹 땀을 내고 이튿날 위의 솔잎과 아래의 솔잎을 바꿔 뒤집어서 깔고 또다시 첫 번째와 마찬가지의 내복약을 먹은 다음 같은 방법으로 땀을 낸다. 사람의 몸에 잠복해 있는 염증과 염증에 있던 병균은 약 기운에 밀려 체내의 수분이 증발할 때 따라 나오고 외부의 소나무의 솔잎이 품은 송진 기운과 약쑥 기운이 털(땀)구멍을 통해 들어가게 된다. 솔잎에서 산소의 모체가 되는 송진기운이 땀을 내므로 인해 열려진 땀구멍을 통해 들어가 온몸에 퍼지게 되면 오장육부와 근육, 뼈의 기능을 골고루 강화시킨다. 또 죽은피를 다스리고 담과 냉습, 종창을 낫게 하며 산소는 체내에 축척된 공해독을 뿌리뽑는다. 가운데 깔았던 약쑥의 기운은 장부(臟腑)를 데우고 토사곽란과 복통을 다스리며 살충, 조혈작용을 하는 동시에 간기(肝氣)를 부드럽게 함으로써 건강을 되찾게 한다.

3) 소나무 목욕

매일 가정에서 간단히 실시할 수 있으며 혈액순환을 개선시킬 수 있는 입욕제(入浴齊)에는 우리 고유의 식물이 수많이 있으며 이 중에서 큰 효과를 가지고 있는 약성식물이 어떤 것이라는 것은 예부터 잘 알려진 것으로 소나무와 쑥 등을 들 수 있다. 특히 소나무는 옛날 중국의 선인들이 불로장수를 위해 목욕할 때 사용했

 아름다운 살결 보존과 소나무

다고 하다, 엽록소에는 정혈, 조혈, 살균, 말초혈관의 확장, 항알레르기에 이르기까지 약효가 있다. 이처럼 갖가지 약효를 지닌 것이기 때문에 이것들을 가지고 목욕을 하였을 경우 아토피가 치유되고 비듬이 없어지고 몸이 차가워지는 증상이 사라졌다. 요통, 두통이 개선되고 피부가 고와지는 등 효과가 나타났다.

솔의 정기가 베어드는 목욕이 선탕(仙湯)이다. 옛날부터 미용에 좋다고 하는 것이 솔잎 탕이다. 솔잎을 삼베 주머니에 담아 욕탕에 넣고 그 안에서 온천을 하는 것이다. 솔잎 목욕은 회춘과 불로장수의 비방(秘方)으로 알려져 왔으나 꾸준히 하려면 솔잎이 많이 필요하므로 환경파괴의 우려가 있어 너무 사치스럽다. 녹즙이나 솔잎 달인 물을 만들고 난 솔잎을 재활용하면 좋다. 부인과 질환에 좌욕(坐浴)으로서 솔잎 목욕을 하면 약간의 솔잎으로도 가능하다. 이때는 솔잎 달인 물을 사용해도 좋다. 물은 뜨거울수록 솔잎의 여러 성분이 우러나오기 쉽다.

소나무 목욕의 효험은 솔잎의 정유를 수소탄산나트륨 용액에 흡수시켜 욕탕료로 삼는데 관절염, 신경통, 요통, 불면증, 고혈압에 솔잎욕이 효과를 나타낸다 했다. 약한 심장일 때 솔잎 $50 \sim 100\text{g}$ 과 버들잎을 삼베헝겊에 함께 묶어서 탕 안에 넣어 우려낸 물에 목욕한다. 50대 전후의 여성에게 고통을 주는 견비통 오십견(五十肩), 즉 어깨가 짓눌리듯 쑤시고 아프며 그러한 증세가 목과 팔까지 미쳐 작은 물건도 제대로 들지 못하는 어려움이 있을 때 솔잎 목욕을 계속하면 차차 누그러진다. 여성 음부에 생기는 질염의 경우 달여 낸 솔잎 액으로 요탕(腰湯: 허리 아래 부분까지만 담그는 목욕)을 한다. 특히 생리통으로 고생하는 여성들이 요탕을 하면 몇 달 후에 생리통이 완치된다고 한다. 솔잎을 썰어 달인 물은 피부질환에 효과적이며 류머티즘, 불안증에 좋다고 한다. 또한 솔잎탕에서 목욕을 하면 비타민A, C, 파르텐산, 스테아린산 등이 혈액순환을 촉진시키면서 냉증, 신경통, 빈혈, 신경성위염에 효력을 발휘한다고 한다. 그러나 단숨에 특효를 보기 위해 하는 것보다는 즐거운 마음으로 소나무가 가지고 있는 그윽한 향기를 만끽하면서 꾸준히 실행한다면 예상외의 치료효과와 건강 향상이 돋보이리라 믿는다. 그러므로 우선은 피로가 겹쳐 몸이 무거울 때 피가 잘 통하지 않아 몸이 저리고 아플 때, 어린이에게 열이 있을 때, 뼈마디가 쑤실 때에 수시로 솔잎 목욕을 한다면 몸 구석구석에 고질적으로 붙어 다니던 여타의 질병까지 저절로 사라진다는 기대를 가지도록 한다.

솔잎 목욕은 신선한 솔잎을 이용, 삼베주머니나 망사 주머니에 가득 채워 적당한 용기에 물을 넉넉히 부은 다음에 솔잎을 담가 약성과 진액을 얻기 위해 펄펄 끓여 적당량을 뜨거운 목욕물에 부어 휘젓고 나서 목욕에 들어간다. 목욕물의 온도는 좀 높은 40℃가 알맞다는 것이 일반적인 상식이며, 이 솔잎 물에 약 30분 가량 몸을 담그고 있어야 효과적이다. 여름에는 날씨가 후끈거리므로 뜨거운 솔잎 목욕은 인내심이 있어야 하고 여름 목욕보다는 겨울 목욕이 더 바람직하며 추위에서 몸을 따뜻이 하는 보온 효과가 있는 동시에 수족 냉증에 효과가 있다.

4) 소나무의 가지를 이용한 사우나

대중탕의 사우나 시설이나 증기탕에서 기존의 쑥과 함께 솔가지를

걸어 휘산되는 솔향으로 전신호흡을 하는 것이다. 테르펜이 흡수
효과가 매우 높다. 질병의 예방과 노화 방지 및 건강유지를 위해
쓰는 방법으로서 꾸준히 하면 좋은 결과를 기대할 수 있다. 심장
병이나 고혈압증이 있는 사람은 피하는 것이 좋다. 우리나라에서
는 성행하고 있지 않으나 사람들이 많이 찾는 온천 사우나실에서
활용하면 좋을 것 같다. 최근에 보급되고 있는 가내 사우나기를
이용할 경우 솔잎 한 줌 정도를 기계에 넣고 사우나를 하면 증기
와 함께 향기물질이 휘산되어 각종 질병에 탁월한 효과를 볼 수
있다.

3. 소나무가 피부에 주는 영향

소나무는 오래 사는 나무이므로 예로부터 십장생의 하나로 장수를 나타냈으
며 비바람, 눈보라의 역경 속에서 푸른 모습을 간직하고 있어 꿋꿋한 절개
와 의지를 나타내는 상징으로 쓰여 왔다. 꿈에 소나무를 보면 벼슬을 할 징
조이고 솔이 무성함을 보면 집안이 번창하며 송죽 그림을 그리면 만사가 형
통한다고 해몽하고 반대로 꿈에 소나무가 마르면 몸에 병이 난다고 하였다.
이러한 신비의 소나무에는 아직도 발표되지 않은 미지의 성분이 많이 있기
때문인지 기적 같은 대체요법이 많이 일어나 각광을 받고 있는 것은 주지의
사실이다. 이와 같이 우리에게 이로움만을 주는 소나무는 환경정화로 연간
소나무 한 그루가 아황산가스(SO_2)를 20.2g, 이산화질소(NO_2)를 4.7g,
이산화탄소(CO_2) 10.963g, 산소(O_2) 8.222g를 흡수한다고 한다. 또한

사시사철 광합성을 하는 까닭에 후라보노이드(항산화 물질) 성분의 항상성을 유지하고 활성산소의 피해를 복구하고 막아주며 면역기능을 높여주고 세포 재생을 돕는 성분을 많이 가지고 있다. 특히 소나무에 함유되어 있는 소나무 유황은 피부가 주름지는 것을 방지하여 주고 기미 그리고 손톱과 발톱의 각질화되는 것을 막아주고 피부가 민감하여 트러블이 발생하였을 때나 여드름 등에 재생력이 뛰어나고 습진, 무좀 및 아토피에 훌륭한 개선효과가 있는 것으로 알려져 있다. 이와 같이 소나무는 새로운 화학물질에 의한 세포와 조직에 자극과 염증을 일으키는 것을 해독작용으로 방지하는 등 열악한 환경에서도 잘 자라면서 민간 약재로서의 약리작용이 강하기도 하다. 따라서 소나무는 남녀노소 모두가 큰 관심을 가지고 있는 피부에 많은 영향을 주고 있어 더 자세하게 소나무 부위별로 정리하여 보았다.

● **송피(소나무껍질)**

유럽에서는 소나무 껍질에서 짜낸 엑기스를, 피부를 아름답게 가꿔주는 미인수라고 하였다. 그러나 후에는 활성산소를 제거해주는 막강한 항산화 작용이 있다는 사실이 판명되었다. 이 소나무 껍질에는 40여 종류의 유기산을 함유하고 있어 항산화력이 강력해서 항산화 비타민작용을 하는 비타민 E의 50배, 비타민C의 20배가 넘는 막강한 힘을 가지고 있는 후라보노이드의 복합체로 구성되어 있다는 것이다. 이 항산화력은 모세혈관을 활성산소의 공격으로부터 지켜 주고 혈액의 흐름을 촉진시켜 주며 동맥경화의 예방에도 큰 힘을 발휘하게 된다. 따라서 송피는 비타민C의 파괴된 콜라겐을 회생시키는 작용과 비타민E가 지닌 모세혈관을 강화해서 피의 흐름을 촉진시키는 한편 콜라겐, 엘라스틴에 직접 작용해서 피부조직, 세포를 활성화하기 때문에 피부가 탱탱해지고 피부를 보호하려는 멜

 아름다운 살결 보존과 소나무

라닌 색수의 관리루 깨끗한 피부를 가진 미인이 된다는 것이다. 특히 소나무의 껍질은 종기에 더 효과가 있고 몸을 싸고 있는 피부를 조정한다고 대중 속에 널리 알려진 민간요법에도 있다.

● 송 진

송진은 새살을 나게 하고 아픔을 멈추게 하며 살균성이 매우 강하다. 소나무 껍질에 상처를 내면 수지도를 통해 정유와 수지를 함유하는 '올레오레진(Oleoresin)'이라는 물질이 분비된다. 이것을 보통 생송진 또는 송진이라 하는데 이 송진을 물에 넣고 끓여 천에 걸러서 찬물에 넣은 후 엉킨 덩어리를 그늘에 말려 가루를 낸 것을 미용재료로 쓴다. 송진의 정유성분이 피부자극작용, 억균작용, 염증을 없애는 작용을 하기 때문에 피부에 습진이나 데인 곳에도 약으로 쓰인다. 특히 모공수축작용, 여드름 흉터제거에 적합하다. 그러나 송진 속에는 "테프페노이라"라고 하는 유독 화합물이 함유되어 있어 유독 물질의 살균, 살충의 효력을 나타내긴 하지만 너무 강한 성분이어서 반대로 인체에 해로울 수가 있다.

● 송 화

송화차는 중풍, 고혈압, 심장병에 가장 좋은 차다. 또 폐를 보하고 신경통, 두통 등에도 효과가 있다. 송화는 솔잎, 송지보다 약효가 좋다고 한다. 특히 송화에 대해서 북한은 신문, 방송을 통해 건강 관련 기사를 빈번하게 다루고 있다. 만 가지 질병 및 예방이 뛰어난 효험이 있는 만능보약이라고 보도하고 있다.(중앙일보, 2002. 3. 20) 또한 송화 가루에 함유된 콜린은 0.34%로 죽순 콜린 함량이 6,800배나 되며 지방간을 해소하는 특수 물질이라고 한다.(약초의

성분과 이용 1991년 일월서각, 후지 식물원보고 12호-'67)

또 송홧가루에 함유된 비타민 C, E는 항산화 비타민으로서 활성산소가 만든 산소화합물의 독성을 완화하고 산화 반응을 억제하는 작용을 하여 노화를 방지한다고 한다.(동아일보 97.1.24-서울대학교 의대 정명희 교수) 그 외 피부미용에 효능이 있어 송화에서 여드름 균인 "프로피오니·박테리움·아크네에 강한 항균물질인": 엑스노브를 추출하여서 요즘은 여드름 화장품이 채택하고 있는 대표적 화학성분인 실리실산과 트리클로산을 대신하여 송홧가루를 이용한 여드름 치료 예방 화장품이 나오기도 하였다. 송화를 매일 아침 차 숟갈 하나정도를 마시면 살결에 광택이 나고 탄력성이 있는 피부가 된다고 한다.

● **솔 잎**

솔잎에 함유되어 있는 옥시팔민산(Oxipalmitic acid)은 세포를 젊어지게 하여 노화를 방지 젊음을 유지시켜주는 강력한 작용을 하며, 엽록소는 혈액생산이나 육아 발육에 좋으며 수렴성 소염작용과 통증을 진정시키고 피를 멎게 하는 용도로 사용되기도 한다. 비타민 A, C는 혈액을 정화하고 괴혈병을 예방하며 습진, 옴, 신경쇠약증, 탈모와 비타민 C 부족 등의 치료에 쓰이기도 한다. 특히 타닌 성분은 피로회복과 머리가 맑아진다고 고서인 동의보감과 본초강목에 서술되어 있다. 따라서 솔잎을 우려낸 물에 목욕을 하면 매끄러워지며 겨울철 솔잎 목욕은 몸을 따뜻하게 하여 수족냉증에 도움이 된다고도 한다. 그리고 여성들에게 흔히 있는 질 염의 경우 달여 낸 솔잎 액으로 반신 욕을 하면 아주 좋다고 하며 그윽한 솔잎 향기 자체가 심리적인 안정을 가져다주어 편안한 마

음으로 잠을 잘 수 있도록 도와쥬다고 한다. 특히 일본의 화한약
연구소에서는 활성산소와 솔잎 추출액을 반응시켜 솔잎의 항산화
작용을 실험한 결과 솔잎 추출액이 50%의 산화억제율이 있음을
보고하였고, 또 솔잎 추출액을 1년 간 쥐에게 복용시킨 결과 쥐
의 콜레스테롤수치가 15% 감소한 것으로 보고하였다. 따라서 솔
잎은 자양강장에 민간요법으로 좋다.

● 솔 씨

맛은 쓰나 독이 없으며 피부를 곱게 하고 위장을 튼튼하게 하며
발모를 촉진시키고 풍비와 한기로 몸이 허한데 쓴다. 동의보감에
서는 솔 씨가 피부를 곱고 기름지게 하고 부드럽게 하므로 미백
제(美百劑)로 효과가 있다고 기술되어 있다. 솔 씨에는 지방, 단
백질이 풍부하고 여러 유효성분이 들어 있다. 솔 씨의 지방에는
리신, 트리프트맨과 성장발육을 촉진하는 무수한 필수 아미노산이
다량 함유 자양성이 높고 오장을 건강하게 하며 기를 원활하게
하고 변통을 촉진하는 데 뛰어나다고 한다.

● 백복령

소나무의 묵은 뿌리주변에 기생하는 불규칙한 모양의 균체를 즉
균핵 덩어리(송수를 벌채한 후 5-9년을 경과한 토중잔근에 기생
하는 균체)를 가리킨다. 이것은 소나무의 송진이 뿌리로 가서 다
시 땅속으로 흘러내려 엿처럼 딱딱하게 굳어진 것이다. 이 복령은
체내 소변 배출을 원활케 하여 비습(지방층의 수분)을 제거하고
수분대사를 원활하게 하여 피부를 희고 광택이 나게 하며 기미
등 색소 침착을 없애는 민간요법으로 많이 애용되어 왔다(임신이

나 출산 후의 부인). 또한 체중을 줄이는 한편 부종이 감소하는 효과를 준다. 백복령이 가지고 있는 성분으로는 다당류, 유기산, 비타민D, 무기질 파시믹산, β-파시맨, 에르고스테린, 콜린, 아데닌, 히스티딘, 단백질, 레시틴, 지방 등을 함유하고 있기 때문에 이 성분의 작용으로 피부가 맑게 되고 윤기 있는 탱탱한 피부를 만들어 준다.

V

소나무의 성분이

임상적으로 나타낸 유용성

1. 폭넓은 소나무의 유용성

합성약품은 일반적으로 특정증세를 중심으로 만들어지므로 단독으로 어느 증세를 해소시키는 것은 아니다. 즉 조합으로 인해서 여러 증후군을 제거하는 것이다. 그러나 소나무는 특별한 증세만을 위한 것이 아니고 어느 질병을 낳게 하는 것은 아니지만 특정 질병에 의하여 식욕부진이나 소화불량을 개선, 또한 피 돌림을 좋게 하여 한기를 부드럽게 하고 신진대사를 원활히 하며 체력의 소모를 보충하여 결과적으로 전체의 증세를 경감하는 작용을 한다는 것이 특징이다.

다시 말해서 소나무는 소나무 자체 포함되어 있는 특정성분이 효과를 나타내는 것이 아니라 많은 유효성분이 상승적으로 힘을 발휘하는 것이다. 따라서 단순히 특정성분이 특정의 증세를 개선하는 것이 아니라 전신적인 효과를 거두고 있는 것이다. 그러므로 소나무의 그 장점으로 하여금 신체의 건강을 유지하며 질병을 회복시키는 근원에 작용하는 것이다.

2. 신체의 장기에 미치는 소나무 유용성

1) 위 장

건강한 위장이라면 그 안에 들어있는 염산이 세균을 죽여 병을 막을 수 있지만 위의 기능이 약해져 있으면 균이 살아남아서 장에까지 침입한다. 그런데 소장은 알칼리성에 약하여 멸균작용을 할 수 없어 균을 죽이지 못하기 때문에 장 질환이 자주 발생한다. 특히 병을 모르는 건강한 사람의 공통된 점은 위장이 튼튼하다는 데에 있다. 무엇을 먹거나 마셔도 맛이 있고 규칙적인 식욕을 가지므로 평소에는 위장의 존재조차 잊어버리는 사람이다. 위장이 튼튼한 사람은 감기 등 경미한 질병에 걸려도 곧잘 낫는다. 극단적으로 식욕이 떨어지지 않기 때문에 체력의 소모도 적고 회복력도 강하다.

위장약의 효과를 약리 실험하기 위해 모르모트(실험쥐)를 전신 마취시켜 위를 향해 바르게 눕히고 모르모트의 배 중앙을 지름 1.5cm의 둥근 창처럼 갈라놓는다. 그러면 그 창을 통해 장이 뛰고 있는 것을 육안으로 볼 수 있는데 이것을 장의 연동(蠕動)운동이라 한다.

건강한 사람의 장은 규칙적으로 힘차게 연동(蠕動)을 하고 있다. 이 연동(蠕動)운동이 불규칙하고 힘이 약해지면 식욕이 없어지거나 변비가 되기도 하며 또 설사를 하기도 한다.

사람들도 보통 40대에 들어서면 이 운동이 떨어지기 마련인데 위장의 움직임이 정상인가 아닌가는

- 소화산소가 충분히 분비되고 있는가,
- 점막에서 영양분을 제대로 흡수하고 있는가,
- 점막의 벽이 염증을 일으키거나 짓무른 상태는 아닌가,
- 연동운동이 규칙적이며 힘차게 되고 있는가에 달려 있다.

위장약 중에는 각기 목적을 지니고 있는 성분이 배합되어 있는데 건위제에는 특히 이 연동(蠕動)운동을 목표로 하고 있는 것이 대부분이다.

소나무를 가지고 약리 실험을 하기 위해서 실험용 모르모트의 입에서 위까지 가느다란 튜브를 통해 시중 약국에서 시판되고 있는 건위제와 소나무생즙(물에 탄 즙)을 투여하고 위장의 반응을 관측하여 보면 건위제보다 약 열 배 정도 빠른 시간에 연동운동이 규칙적으로 일어나 힘 있게 움직이고 있음을 알 수 있다.

이 실험에서 소나무는 근본적으로 위장의 움직임을 활발히 하는 건위작용이 증명된다. 다시 말해서 소나무를 복용함으로써 그 유용성은 먼저 위장에 나타남을 알게 됨으로 위 허약, 위하수, 식욕부진, 울증, 변비, 설사, 위신경증 등 폭 넓게 응용할 수 있다.

2) 심장·혈관·혈액에 대한 유용성

● 혈액순환에의 유용성

우리의 신체 안에는 그물과 같이 혈관이 퍼져있고 영양소나 산소를 나르는 적혈구, 면역항체나 효소, 호르몬을 나르는 혈청, 병원균을 해치우는 백혈구, 출혈을 멈추게 하는 혈소판(血小板), 탄

산가스를 회수하는 적혈구, 대사노폐물을 처리장으로 나르는 혈청 등이 원활하게 움직여 주지 않으면 피 돌림의 기능도 마비된다. 또 혈관은 신경과 마찬가지로 많은 정보를 전달하는 통신망과도 같다. 혈액 중의 당이 불어나면 식욕이 억제되고 당이 줄면 식욕이 나는 것처럼 식욕은 뇌에 있는 식욕의 중추가 혈액 중의 당의 과소에 따라 좌우된다. 또 혈액은 체온의 일정화를 위해 더우면 혈관이 넓어져 혈액의 흐름에 의해 체온의 발산을 촉진하며 추울 때는 혈관이 수축되어 체온의 떨어짐을 막아주고 있다.

이와 같이 피 돌림의 불완전에서 오는 것은 귀 울음이나 간장질환의 대부분이며 살결에 윤기가 없다거나 안색이 나쁜 것도 피 돌림이 나쁜 데에서 기인한 것이다.

소나무의 중요한 작용에는 혈액순환을 촉진하는 작용이 있다. 흔히 소나무 등은 장기 복용만이 효과가 있다고들 하는데 실제는 속효성이 있어 혈액순환에 좋은 결과를 미치고 있다. 따라서 두통, 귀 울음, 현기증, 축농증, 창백한 안색, 눈의 피로, 어깨 걸림, 요통, 신경통, 장 단지의 경련, 빈혈, 냉증, 동상, 치질 등에 널리 유용하게 쓰이고 있다.

● **빈혈에의 유용성**

소나무는 보혈, 즉 피 돌림을 촉진하는 작용과 적혈구를 늘이는, 즉 조혈작용의 두 가지 의미가 포함되어 있다. 또 소나무는 위장의 움직임을 활발히 하므로 피 돌림의 내용을 충실하게 하는 비타민이나 무기질의 흡수를 촉진한다. 이 측면적인 역할도 빈혈에 있어서 크나큰 유용성이라 할 수 있다. 빈혈인 사람은 단순히 적혈구의 모체가 되는 철분의 섭취가 적을 뿐 아니라 철의 흡수에

 아름다운 살결 보존과 소나무

크나큰 영향이 있는 위산 농도의 저하나 비타민 C, 질 좋은 동물성 단백질의 섭취 부족도 있다. 빈혈인 사람은 식욕이 없으며 음식물의 흡수력이 떨어진다는 악순환도 있다. 빈혈을 방지하는 제일은 소나무 등으로 위장 기능을 높이는 것이다. 즉 소나무의 조혈기능 촉진과 피 돌림의 촉진, 간과 신의 기능촉진, 소화·흡수 촉진 효과 등의 유용성을 보다 높여야 하는 것이다.

● **심장에 미치는 유용성**

동의보감, 본초강목 등 수 많은 고서에는 "소나무는 주로 오장을 보하고 정신을 안정시키며 혼백을 정하고 가슴이 놀래어 뛰는 것을 멈추게 하고 사기(邪氣)를 없애고 눈을 밝게 하며 마음을 열고 지혜를 더한다"라고 기록되어 있는 것은 현대와 같이 약리학과 식품학에 대한 개념을 모르는 시대이므로 소나무로 만들어진 식품을 복용한 후의 경험적 유용성을 표현한 것으로 특히 "정신을 안정시키고 혼백을 정한다"는 것은 지금의 스트레스를 해소한다는 표현임을 알 수 있다. 즉 소나무는 단순히 심근의 수축력을 높일 뿐더러 전신에 작용을 하여 심장병의 예방에 큰 유용성을 가지고 있다. 소나무가 심장에 미치는 직접적인 유용성에는 다음과 같은 것을 들 수 있다.

－말초혈관의 피 돌림을 촉진하여 심장의 부담을 가볍게 한다.
－혈관의 탄력성을 유지하여 콜레스테롤이 침착(沈着)을 방지하는 것으로 혈관의 노화를 막아주며 심장의 부담을 줄인다.
－현저한 적혈구 산생(産生)작용이 있고 철분, 비타민B$_{12}$와 협력하여 빈혈을 개선하므로 심장의 부담을 가볍게 한다.

-신진대사를 촉진하여 세포에의 산소공급을 촉진하므로 심근의
  활동을 원활하게 한다.
-모든 스트레스에 대하여 근본적인 저항력을 높이기 위해 정신적
  으로도 안정을 가져와 심장의 부담을 가볍게 한다.
-심장과 자율신경과는 밀접한 관계가 있어 소나무는 자율신경을
  조정하는 유용성이 있으므로 심장병의 예방에 공헌한다.
-심장병이나 그것을 악화시키는 원인이 되는 당뇨병이나 신장병
  에 유효한 작용을 하므로 심장에의 악영향을 경감한다.

이와 같이 소나무는 심장병에 직접, 간접으로 종합적인 작용을 하
는 매우 유용한 자연 식물이다.

● **산소의 공급 촉진과 활성산소 제거에 유용한 소나무**

소나무는 뇌 세포와 산소에 어떠한 영향을 줄까 한번 생각해볼
만한 일이다. 소나무는 말초혈관을 확장하여 피 돌림을 촉진하므
로 산소의 운반을 우선 돕고 있다 하겠다. 또 소나무는 머리의 회
전을 좋게 한다고 단언은 못하지만 적어도 무엇인가에 영향을 미
치는 것만은 틀림이 없다는 것은 임상, 예를 들면 가스에 중독된
사람, 뇌빈혈을 일으킨 사람 등이 소나무 생즙제품을 음용한 결과
불과 30에서 40분 만에 회복되는 결과이다. 이것은 가스 중독에
의한 급성 저혈압이 소나무의 혈압 정상화 작용에 따라 호전되어
말초혈관 확장작용과 세포에의 산소촉진작용에 의해 산소 결핍을
일으킨 뇌 세포가 신속히 개선되어 머리의 몽롱함이 해소된 것이
다. 특히 소나무는 그 성분 중 크엘세틴과 비타민C에 의해서 혈
관벽 강화작용을 하며 정유(精油)성분이 혈관을 자극하여 혈행을

도우므로 중풍과 고혈압에도 유용하게 영향을 끼친다는 것이다.

● **백혈구 증가증을 개선하는 소나무**

백혈구는 보통 1㎣에 남자는 평균 6,590, 여자는 6,760이다. 일반적으로 백혈구는 감염증(感染症), 즉 급성의 폐렴, 담낭염, 췌장염, 신장염 등으로 발전된다. 백혈구가 9,000이상이면 백혈구 증가증이 되는 셈이다. 백혈병에는 여러 종류가 있는데 그 중 가장 많은 것은 급성 골수성 백혈병이다. 백혈병의 원인은 아직 뚜렷한 정설은 없지만 우이루스 감염, 방사선의 특정 의약품에 의한 부작용, 호르몬의 이상 등이라 알려지고 있다. 소나무가 백혈구 증가나 백혈병 또는 원폭증(原爆症)에 유효하다는 정식 임상보고는 없지만 임상 실험동물인 모르모트에 이색적인 단백으로 우유를 피하에 주사하였더니 백혈구가 이상하게 증가하였다. 그래서 소나무생즙제품을 먹였더니 증가한 백혈구가 감소되는 것이 확인되었다. 이는 백혈구 증가 억제라기보다는 소나무가 피로 권태감의 개선 효과에 의한 것이 아닌가 한다.

3) 성인병에 대한 소나무의 유용성

● **병적 노화를 막는 소나무**

혈관에서 시작되는 성인병의 특징은 모든 것의 노화현상이 그 구석에 잠재해 있어 성장이 끝나는 청년기부터라는 것이다. 대표적인 성인병은 고혈압, 협심증, 동맥경화, 뇌졸중, 당뇨병, 악성종양, 백내장, 폐기종(肺氣腫) 등으로 이들 증세를 보면 혈관의 노화, 피 돌림의 불안전 등이 가장 큰 영향을 미치고 있다. 특히 노화란 노인뿐 아니라 20-30대에도 그 현상이 시작된다고 한다. 혈액의 산성화는 노화의 시작이라 한다. 혈액이 산성으로 기울게 되면 신진대사가 잘 안 되어 영양의 언밸런스가 되어 균형이 무너진다. 즉 칼슘의 흡수도 나빠지고 쌓여있는 유산을 몸 밖으로 배출하는 기능도 떨어진다. 이 상태에서는 체내의 효소가 제대로 일을 못해 영양소가 불완전 연소를 초래하며 유산을 점점 모으기만 하는 악순환으로 빠져 버리고 만다. 신진대사가 원활하게 이루어져야 영양의 흡수도 잘 되므로 젊디젊은 몸과 살결을 유지하는 것이다. 노화에는 "생리적 노화"와 "병적 노화"가 있는데 성인병은 노화 현상이 진행되면 더욱 악영향을 미치고 있다. 소나무는 예전부터 고귀한 생식재료로 대표하고 있어 적기에 알맞게 섭취하면 신체가 가벼워져 장수한다고 하였다. 식물로서 유일한 십장생의 하나인 소나무는 '병적 노화'에 크게 유용함은 많은 고문헌으로도 짐작이 간다. 이러한 소나무가 우리 몸의 움직임에 근본적으로 어떠한 작용을 하는 것일까를 알아볼 필요가 있다.

- 40대로 들어서면 위장의 기능도 쇠진해 가는데 소나무는 장의 연동운동을 촉진하여 소화불량과 식욕부진을 개선하고 그 결과 변비나 설사를 예방 치유한다.
- 노화의 기본 원인이 되는 말초혈행을 촉진하여 노폐물이 혈관에 쌓인다거나 정체됨을 방지한다.
- 자율신경의 실조증을 정상화하고 대퇴의 움직임을 촉진하며 부정수소(不定愁訴)를 제거하고 정신을 안정시킨다.
- 간 기능, 신 기능, 심장 기능을 높이고 노화물질의 축척을 억제

하며 배설을 촉진한다

- 피 돌림의 촉진과 더불어 혈액성분의 충실화를 기하고 몸 구석 구석까지 영양과 산소를 날라다 주며 세포를 활발하게 한다.
- 근육의 활동을 활발하게 하고 다리나 허리의 약화를 막아주며 피로를 회복시킨다.
- 체내의 수분 밸런스를 조정해 주며 부종이나 목의 갈증을 억제 한다.

4) 당뇨병에 대한 소나무의 유용성

당뇨병은 다음과 같은 경과를 밟고 있다.

당뇨병이 되기 전의 증세는 유전적 소인(素因)은 있으나 자각증도 없고 요당도 정상이다. 그러나 혈관의 장해가 서서히 일어난다고 한다. 또한 잠재성 화학적 당뇨는 인슐린에의 반응이 약화되기 시작하여 요당, 공복 시 혈당·당부하(糖負荷) 시험은 정상이나 포도당 부하시험은 이상을 나타낸다. 그리고 화학적 당뇨병으로서 자각증세는 아직 뚜렷하지 않으나 당부하시험에 이상이 나타나 이 단계에서 당뇨병이 발증한 것으로 판정된다. 마지막으로 일상적 당뇨병으로서 이는 당뇨병 특유의 증세가 자각되어 혈관 장애가 강하게 나타나 여러 합병증이 많아진다. 이와 같은 당뇨병에 소나무가 직접적으로 미치는 유용성은 혈당저하작용과 간접적으로는 수반되는 증세, 합병증의 개선을 들 수 있다. 소나무는 일반적으로 혈당저하작용을 하는 것이 아니고 혈당조정작용을 하여 높은 혈당을 내리며 낮은 혈당을 올려주는 역할을 하는 것이다. 즉 소나무는 화학물질과 달라 천연물의 좋은 성분이 들어 있어 그 작용은 일방통행이 아니고 당뇨병으로 인해 수반되는 합병증도 해소하는 유용성을 가지고 있다.

5) 강장·강정제로 유용성 큰 소나무

스태미나를 높이는 데에는 강장·강정제를 써 활동력과 지구력을 길러주며 감퇴된 정력도 길러준다. 강장·강정제로 단독으로 쓰일 경우 그 사람과의 상성(相性)이 꼭 합당한 것이라고는 할 수 없으나 정통의 한방에서는 본시 그 사람의 체질, 증세에 맞추어 처방한다. 그 대표적인 처방을 들어보면 다음과 같다.

팔미환(八味丸) : 피로하기 쉽고 특히 하반신에 힘이 없는 사람, 위장이 약하고 목의 갈증, 오줌이 원활히 나오지 않으며 시력이 쇠퇴한 느낌이 있을 때 쓰인다.

우차신기탕(牛車腎氣湯) : 팔미환보다 그 작용을 강화한 것이다.

계지가룡골모려탕(桂枝加龍骨牡蠣湯) : 신경질로 곧 상기되고 동계 성욕은 있으나 조루 기미가 있고 정력감퇴의 원인 특히 정신적 요인이 강한 사람에 효용이 있다.

시호가룡골모려탕(柴胡加龍骨牡蠣湯) : 계지가룡골모려탕(桂枝加龍骨牡蠣湯)과 같으나 체격이 딱 짜여져 있고 불면의 경향이 있는 사람에 쓰인다.

소시호탕(小柴胡湯) : 피로하기 쉽고 감기에 잘 걸리는 사람, 혀에 백태가 끼고 명치와 옆구리의 압박감이 있으며 식욕이 없는 사람에 쓰이는데 이는 전신적으로 체질개선의 효과가 있다.

대시호탕(大柴胡湯) : 수시호탕과 마찬가지로 복부의 압통감, 기력과 정력이 부족하고 간장, 위장이 약하며 변비 기미로 항상 정신이 불안한 사람에 쓰인다.

십전대보탕(十全大補湯) : 피로회복제로 속효성이 있다.

보중익기탕(補中益氣湯) : 입에 백태가 있고 입맛이 없으며 피로 권태감이 강하고 위장이 약하고 허약자에 좋다.

그러나 여러 개의 약제가 혼합되어 약재로 나오지 만은 소나무는 단일 자연 식물로서 결코 호르몬제나 직접적인 발기 촉진 작용을 위한 것은 아니지만 이것을 장기 연용하면 부작용도 없어 안심하고 체질도 개선시키므로 정력이 좋아진다는 것을 알 수 있다.

6) 피로회복제로서의 소나무

식물은 체내에서 호화 흡수되어 완전히 연소된 후 에너지로 변하지만 그 과정에서 피로원소라 불리는 유산을 발생시켜 이것이 체내에 쌓여 피로하게 되는 원인이 된다. 즉 체내에 남아 있는 유산은 근육 중의 단백질과 결합하여 유산 단백(蛋白)이 되어 근육의 강화를 일으켜 어깨와 목이 결리며 허리가 둔한 자각증상이 나타난다. 또 혈액 중에 축적 된 유산은 세포를 노쇠 시키며 혈관을 강화시켜 동맥경화, 고혈압, 간장병, 심장병 등의 성인병이나 신경통, 류머티즘, 냉증 등의 원인이 된다. 이러한 악조건을 소나무 제품이 가지고 있는 영양성분(아스파라긴산과 구연산 및 미네랄)이 에너지 대사를 순조롭게 회전시켜 유산의 과잉 생산을 억제하며 탄산가스와 수분으로 잘 분해하여 몸 밖으로 배출시켜 버린다.

피로소(疲勞素)가 체내에 쌓이는 것을 방지할 뿐만 아니라 에너지원으로 변신시켜 버리는 셈이 된다. 따라서 피로회복제로서의 자연식물은 수없이 많으나 그 대표적인 것이 소나무라고 할 수 있다. 소나무는 다음과 같은 넓은 작용으로 피로회복에 효과가 있음이 증명되고 있다.

- 골격근의 수축력, 지속력을 높인다.
- 심장의 움직임을 강화한다.
- 말초혈관의 혈액순환을 촉진한다.
- 세포의 산소 소비를 촉진하고 신진대사를 높인다.
- 적혈구의 신생을 촉진하고 빈혈증세를 개선하여 혈액을 정화한다.
- 간 기능, 신 기능을 높여 노폐물의 해독, 배설을 촉진한다.
- 단백동화 촉진작용에 의해 영양소의 이용효과를 높여 허약체질, 병후나 수술 후의 체력회복을 촉진한다.
- 건위 정장(整腸)작용에 의해 식욕부진, 소화불량, 위아토니, 변비, 설사를 정상화한다.
- 뇌하수체-부신피질계의 움직임을 원활히 하여 피로의 예방, 회복을 하여 준다.
- 대퇴 부활작용에 의해 정신 집중력을 높인다.
- 연수부활작용(延髓賦活作用)에 의해 자율신경, 반사신경의 움직임을 높인다.
- 내분비 기능을 높여 호르몬의 분비 저하를 개선한다.

이상과 같이 매우 폭넓은 유용성을 가지고 있으므로 단독으로서도 뛰어난 피로회복에 기여하는 것이다. 더욱이 일반 피로회복제와

다른 큰 특징은 그 작용에서도 알 수 있듯이 육체적, 정신적 피로
의 양면에 그 유용성을 발휘한다고 본다.

7) 스트레스와 소나무

스트레스에 저항력을 기르기 위해 소나무생즙제품을 복용하면 뇌하
수체-부신계의 항 스트레스·시스템을 강하게 함이 분명해진 결
과가 나왔다. 다시 말해서 소나무는 생체방위반응(生体防衛反應)
의 근원인 '비 특이반응 저항력'을 증강한다는 것이다. 스트레스가
몸에 가해지면 혈액 중의 백혈구의 일종인 '호산구(好酸球)'가 불
어나는데 여기에 소나무생즙제품을 부여하면 호산구가 감소되며
부신 중의 콜레스테롤도 감소된다고 한다. 이러한 움직임은 정신
적, 육체적임을 불문하고 스트레스에 강하게 나타난다. 따라서 소
나무는 사소한 일로 늘 끙끙 앓고 걱정하는 사람, 신경이 예민한
사람이 복용하면 의외로 신경이 둔한 사람으로 변신한다고 한다.
소나무는 이와 같이 항 스트레스 유용성이 매우 독특해서 다른
자연식물에서 얻을 수 없는 효력을 지니고 있다.

8) 간장에 대한 소나무의 유용성

간은 자칫 소홀해지면 합성, 저장, 대사, 해독, 소화, 배설작용에
서서히 적신호가 찾아오기 시작하는데 항상 피로하고 힘이 없으며
수면부족을 느끼거나 뒷목이 뻐근하다. 또 어깨의 등 쪽이 자주

결리며 눈이 침침하고 따갑거나 시큰시큰해지며 성욕이 급격히 떨
어져 아침 발기력도 느끼지 못한다. 그리고 대변이 희뿌옇거나 배
변 후 시원치 않다. 또 소화불량과 아랫배에 가스가 차고 변비,
치질도 생기며 얼굴이 기미로 칙칙해지거나 초췌해진다. 또 가슴
과 등에 붉은 반점이나 가려움증이 나타나고 우측 갈비뼈 하단이
갑갑하고 뻐근하여 신경이 쓰이며 신경질이 잘 나고 하찮은 일에
짜증이 나며 성격이 급해진다. 특히 손바닥 가장자리가 유난히 붉
거나 술 먹은 뒤 알코올 해독이 힘겨운 등의 증상이 보인다면 치
료시점으로 봐야 한다. 특히 간장은 에너지원(源)일뿐더러 해독작
용이라는 중대한 일도 하고 있다. 간장이 나쁘다고 해서 간장약을
두루 복용하는바 이 모두 간 기능에 측면적으로만 도움을 줄 뿐
이다. 즉 간장의 해독작용을 돕는다거나 대사기능을 높이고 상한
간 세포를 회복한다거나 유해물질을 제거하여 간 혈류를 높이는
수단일 뿐이다. 이 중에서도 간의 혈류를 높여주어 간장을 도와
간장 질환을 개선하는 기본적인 수단으로 여기에 기대되는 것이
간장에 미치는 소나무의 유용성이다. 즉 소나무가 가지고 있는 영
양성분들은 ㉠ 피 돌림을 촉진하여 간의 작용을 도와준다, ㉡ 간
에서의 단백 합성능을 높인다, ㉢ 피로를 회복하여 간의 부담을
경감한다, ㉣ 신진대사를 촉진하며 간의 작용을 돕는다.

9) 알레르기 질환에 대한 소나무의 유용성

알레르기성 체질이란 특정한 물질에 대해 이상한 과민이나 반응을
나타내는 체질을 말하며 벌레나 꽃가루, 의복 등의 자극으로 또는

 아름다운 살결 보존과 소나무

어패류, 알, 버섯류 등의 식물, 홀몬제 등의 약물로두 일어나는 사람이 있다. 이러한 알레르기 반응은 몸의 상태가 정상이라면 잘 일어나지 않는다. 따라서 편식이나 과식이 되기 쉬운 식생활, 인스턴트식품, 가공식품의 과식과 운동부족은 무엇보다 나쁜 일이다.

항원항체(抗原抗体) 반응의 결과 이상반응을 나타내는 물질로서 체내에 만들어진 대표적인 물질은 활성 비타민이다. 따라서 항 알레르기제의 대표로서 널리 쓰이고 있는 성분은 항히스타민제이다. 그런데 소나무 속에 포함되어 있는 성분 중 항 히스타민은 직접적으로 작용은 별로 하지 않는 것으로 알려지고 있으나 그 외의 성분이 알레르기성 체질의 예방 모두에 협력적인 유용성을 가지고 있으므로 직접적인 항 알레르기제는 아니라손 치더라도 그러한 체질인 사람의 알레르기 질환에 측면적인 예방효과를 높여준다. 다시 말해서 알레르기성 질환에 소나무는 다음과 같은 유용성을 지니고 있다.

- 건위 정장작용: 위장을 튼튼히 하여 설사, 변비를 고쳐 소화력을 높인다. 특히 변비에 의한 혈액의 더러워짐을 막고 있다.
- 자율신경 강화작용: 자율신경의 고위 중추인 시상하부(視床下部)에 작용하여 자율신경의 움직임에 크게 영향을 받는 혈관, 기관지, 위장을 정상화한다.
- 보혈작용: 적혈구를 늘리어 혈액순환을 좋게 하여 혈액의 더러워짐을 정화한다.
- 신진대사 촉진작용: 음식물을 효능 있게 이용시켜 노폐물의 배출작용을 하므로 알레르기의 유인 물질을 제거하는 효과가 기대된다.

- 피로회복작용: 육체적인 피로의 예방, 개선에 유용성이 있어 알레르기 증세에 의한 체력소모에 좋은 결과를 나타낸다.
- 항 스트레스작용: 물리적, 화학적, 정신적 스트레스에 대하여 그 방어를 하는 뇌하수체 부신계 시스템을 강화하고 정신적, 육체적 스트레스를 예방 완화한다.
- 내분비 기능 조정작용: 연령과 체질에 합당한 호르몬 밸런스를 조정하므로 알레르기 증세에 악영향을 주는 호르몬 이상에서 오는 해로움을 경감한다.

이와 같이 소나무의 측면 적 유용성은 알레르기 예방, 치유에 매우 중요한 부분을 담당하고 있다. 또한 다른 항 알레르기제와 병용해도 전혀 나쁜 영향은 미치지 않는다.

10) 피부병질환에 대한 소나무의 유용성

소나무는 예로부터 지혈 등 피부에 관계가 깊어 잘 이용되고 있었다. 직접적인 효과로는 피부의 육아증식(肉芽增殖) 촉진 효과, 즉 소나무를 갈아 나온 즙을 상처에 직접 바르면 상처가 빨리 아물어짐 등이다. 또 피부에서 소나무의 유효성분이 흡수되어 피하 모세혈관의 피 돌림을 촉진하므로 동상이나 살결이 헌 곳에 응용되고 있다. 특히 소나무를 이용해서 욕탕으로 쓰면 효과적이다. 여드름 및 기미 등이 좀처럼 낫지 않는 사람은 소나무 즙 발효농축액을 복용함과 동시에 그 농축액을 직접 여드름에 바르면 깨끗하게 낫는다. 빈혈 기미가 있어 안색이 나쁘고 살결이 거칠거칠하여 화장이 잘 받지 않는 사람두 복용만으로두 ㄱ 유용성이 발휘되어 개선됨이 임상적으로 증명되었다. 그러나 생 솔잎을 가지고 직접 피부에 팩을 하였을 경우 피부 트러블이 발생되는데 이는 솔잎에는 유독 화합물인 "테프페노이라" 성분이 있기 때문이다. 따라서 생 솔잎만으로는 마사지 팩이 될 수 없으며 특히 소나무 재료를 가지고 얼굴 팩을 하였을 경우 안면 홍조가 생기는 사람도 있다. 이는 의학적으로 '안면 혈관 확장증'이라고 하는데 이는 소나무를 가지고 얼굴에 팩을 하여 생기는 것이 아니고 조금만 덥거나 당황해도 얼굴이 빨개지고 쉽게 원래의 상태로 되돌아오지 않는 사람이 있다. 이 안면홍조는 피부 혈관에 의해 생기는데 이 피부혈관의 기능은 외부온도에 적응하기 위해 수축과 확장 운동을 하는 것이며 다른 하나는 피부에 영양을 공급해 주는 것인데 얼굴이 항상 붉어져 있다는 것은 이 혈관이 확장만 되어 있고 수축되지는 않기 때문이다. 다른 한 가지 원인은 자율신경계가 다른 사람들보다 예민해 혈관이 쉽게 과장되게 확장되기 때문이다. 이 안면홍조가 생기는 이유는 무분별한 연고의 남용, 오용, 강한 연고일수록 피부가 얇아지고 혈관이 늘어날 가능성이 높으며, 자외선에 오랫동안 노출되어 광 노화가 온 경우, 폐경기, 동상을 입은 경우 등 혈관의 수축기능은 상실되고 확장되어 있기만 한 상태가 되면 피부는 점점 얇아져 붉은 얼굴이 되는 것이다. 이때는 전문의와 상의를 하여 치료를 받아야 한다.

특히 소나무 발효초는 린스로도 이용 가능하다. 발효초는 방향성이 있고 살균효과가 있어서 피부 혈관의 흐름을 왕성하게 하는 역할이 뛰어나며 특히 건성보다는 지성 머리카락에 좋다. 기미나 피부 노화를 억제하는 비타민E와 같은 작용을 하는 요소가 포함되어 있으며 이 성분은 피부노화의 주범인 과산화 지질을 억제시키고 세포의 신진대사를 활발하게 도와준다. 이뿐 아니라 피부와 근육의 젖산을 분해해 혈액의 흐름이 원활하도록 작용해준다. 또한 복용을 하면 신진대사가 왕성해지고 피부에 노폐물이 남지 않아 예뻐진다. 샴푸 후 10배 이상 희석(농도는 신맛이 나지 않을 정도가 적당함, 1리터의 물에 두 티스푼)하여 머리를 감고 두피를 자극하면 놀라운 효과가 있다. 그 이유는 수돗물에는 염소성분이 들어 있는데 이것은 모발에 굉장히 자극적이다. 소나무 발효초는 이 염소성분을 중화시킨다. 긴 머리 또는 파마를 한 여성이 머리를 감고 빗질이 잘 안 될 때나 비누를 사용하여 머리를 감는 경우 때를 깨끗이 제거하지 못하고 비누가 약 알칼리성이어서 모발에 손상을 주기 때문에 비누로 머리를 감은 후 발효초 물로 행구면 산성인 발효초가 중화작용을 하여 머리카락을 건강하게 유지할 수 있다.

3. 소나무의 원적외선과 음이온

1) 원적외선이란?

적외선 중 파장이 긴 것을 말한다. 적외선은 가시광선의 적색영역보다 파장이 길어 열작용이 큰 전자파의 일종으로 파장이 짧은 것은 근적외선이라 한다. 눈에 보이지 않고 물질에 잘 흡수되어 유기

화합물 분자에 대한 공진 및 공명작용이 강한 것이 특징. 또 빛은 일반적으로 파장이 짧으면 반사가 잘 되고 파장이 길면 물체에 도달했을 때 잘 흡수되는 성질이 있으므로 침투력이 강해서 사람의 몸도 이 적외선을 쐬면 따뜻해진다. 예를 들어 30℃의 물 속에는 따뜻한 기운을 거의 느끼지 못하지만 같은 온도의 햇볕을 쐬고 앉 아있으면 따스함을 느낄 수 있는데 그 이유는 햇볕 속에 포함되어 있는 원적외선이 피부 깊숙이 침투하여 열을 만들기 때문이다. 이 러한 열작용은 각종 질병의 원인이 되는 세균을 없애는 데 도움이 되고 모세혈관을 확장시켜 혈액순환과 세포 조직 생성에 도움을 준 다. 또 세포를 구성하는 수분과 단백질 분자에 닿으면 세포를 1분 에 2,000번씩 미세하게 흔들어 줌으로써 세포조직을 활성화하여 노 화방지, 신진대사 촉진, 만성 피로 등 각종 성인병 예방에 효과가 있다. 그밖에도 발한 작용 촉진, 통증완화, 중금속제거, 숙면, 탈취, 방균, 곰팡이 번식 방지, 제습, 공기정화 등의 효과가 있어 주택 및 건축자재, 주방기구, 섬유의류 침구류, 의료기구, 찜질방 등의 여러 분야에 쓰이고 있다.

2) 원적외선과 음이온을 발산하는 소나무

발생하는 원적외선은 세포의 생리작용을 활발하게 하고 인체 내부 에 열에너지를 발생시키며 인체 내 세포가 안고 있는 유해물질을 방출 해독하는 광전작용이 탁월하여 건강을 최적의 상태로 유지시 켜 준다. 여드름과 얼굴에서 나오는 지방 피지에도 좋다.
원적외선은 광합성이 활발한 숲에도 많다. 특히 같은 숲이라도 침엽수림이 원적외선과 음이온을 더 많이 가지고 있다. 따라서 집단을 이루고 있는 소나무가 많은 숲 속의 폭포나 계곡 근처에 있으면 가장 많은 원적외선이 피부에 깊숙이 침투 각종 질병의 원인이 되는 세균을 없애는 데 도움이 되며 음이온도 같이 숨쉴 수 있는 것이다. 모든 숲이 동일한 테르펜(Terpene) 함유량을 갖는 것은 아니며 테르펜(Terpene)을 많이 생성하는 침엽수림이 높은 비율을 차지할 때 테르펜(Terpene)농도가 높아지는 것이다. 그러나 테르펜(Terpene)의 생성이 많은 침엽수림이 모여 있는 곳은 없고 유일하게 소나무만이 지역과 지형에 관계없이 숲을 이루는 경우가 많으므로 전체적인 테르펜(Terpene) 함량이 그 만큼 높다는 것이다. 또한 소나무는 우리 민족과 친근하여 사람들에게 심리적 또는 정서적 만족감도 동시에 주기 때문이다.

소나무 숲 속에 들어가면 시원한 삼림 향이 풍기는 것은 피톤치드(Phytoncide) 때문이며 이것은 수목이 주위의 포도상구균, 연쇄상구균, 디프테리아 따위의 미생물을 죽이는 휘발성 물질이 많기 때문이다.

피톤치드(Phytoncide)는 식물이 내는 항균성물질의 총칭으로서 여기에는 소나무가 가지고 있는 테르펜(Terpene)을 비롯해 페놀화합물, 알칼로이드성분, 배당체 등이 포함된다.

특히 소나무 숲에서는 톡 쏘는 향기성분을 가지고 있는 테르펜(Terpene)이 있어 신체에 흡수되면 피부를 자극해서 신체의 활성을 높이고 피를 잘 돌게 하여 심리가 안정되며 살균작용도 겸할 수 있다. 그러기 때문에 테르펜(Terpene)의 다양한 약리작용을 얻기 위해 소나무 숲을 찾는 것이며 보다 중요한 것은 오감(五感) 즉 눈, 코, 입, 귀, 피부를 만족시키기 때문에 정서적으로 좋은 것이다.

인간은 스트레스와 정서적 불안으로 마이너스 작용을 하는 것이 몸속에서 생기는데 이때 플러스파동을 계속해서 쪼이면 마이너스파동이 사라진다. 소나무 숲은 원적외선과 음이온뿐만 아니라 우리 몸에 좋은 강력한 파동을 발산하는데 이것은 몸에서 나쁜 마이너스파동을 상당히 흡수할 수 있다고 한다. 결국 인체의 자연치유력을 높이는 역할을 하는 것이다.

원적외선은 대상물체를 균일하게 가열하여 가열시간을 단축하여 에너지를 절약 부위를 선택적으로 가열할 수 있고 열분해를 억제하며 식품 등의 선도를 오래 유지하여 주고 숙성을 촉진시키며 냄새를 제거하고 습도를 조절하며 식품의 향미를 보존하고 생체의 혈행을 촉진하며 세포를 활성화시키고 생체에 온열작용 등을 한다. 이와 같은 이유로 원적외선이 방출되는 제품이 좋다고 한다.

VI 소나무를 발효시킨 원액과 마사지 피부 팩

인간은 본래 초식동물에 가까운 동물이다. 그것은 장(腸)의 길이에서 육식 동물의 장보다는 훨씬 길며 초식동물보다는 다소 짧게 되어 있는 것을 보아 알 수 있다. 또한 치아(齒)를 보아도 알 수 있다. 문치(門齒)가 8개, 견치 (犬齒)가 4개, 구치(臼齒)가 20개이다. 문치는 야채를 씹는 이, 견치는 육 류를 씹는 이, 구치는 곡류를 깨물어서 부수는 것이라고 말할 수 있다.

식사는 무턱대고 무엇이든지 먹어서 배만 부르면 되는 것은 아니다. 또한 맛이 있는 것이 반드시 영양적으로도 좋다고 말할 수 없으며 호화로운 요리 라고 해서 영양적이라고 단언할 수 없다. 영양의 균형이 잡혀 있는 식사야 말로 우수한 식품이라고 말할 수 있다.

1. 소나무발효원액이란?

서양 의학의 시조라고 하는 히포크라테스가 "식사로써 고칠 수 없는 병은 약으로도 고칠 수 없는 병이다."라고 강조한 것을 음미하다 보면 우리 조상 이 물려준 식이요법이야말로 최선의 선택이라고 생각할 수도 있다.

우리 속담에 "식성을 보면 그 사람을 안다."고 하는 말이 생각난다. 유전성은 우리 건강에 큰 역할을 하고 있지만 더 중요한 것은 올바른 상식을 가진 식습관이 필수적 요소라고 말할 수 있다. 즉 자연에서 인간에게 준 자연식품을 시기적절하게 섭취함으로써 우리는 신체의 각 기관을 강화시켜 원기, 활력, 삶의 충만함을 얻게 된다는 것이다. 자연식품은 몸 전체를 튼튼하게 하며 약화된 장기에 자양분을 주고 신체의 노폐물을 배출하는 데 도움을 주며 가장 중요한 것은 항산화작용의 기능에 의하여 혈액을 세정하고 순환시킴으로써 건강을 주게 되어 있다.

이러한 건강의 기본을 달성시키고자 현대인을 위한 "잃어버린 연결부의 식품"을 개발하기 위해 다수의 생활양식과 영양 식이요법을 연구, 화공 또는 환경약품에 노출되지 않은 순수한 우리 소나무를 이용하여 인체의 활력을 증진시킬 수 있는 능력을 보존할 수 있도록 소나무(송피, 송실, 솔잎, 송화)를 이용한 발효원액을 개발하였다. 어떤 부작용도 없을 뿐 아니라 이 소나무발효원액은 즉각적인 효능의 기적을 일으키지 않더라도 인체를 자연상태로 놓이도록 하는 방법을 제공하는 음료용 생즙이라는 것을 고서와 현대과학에서 증명하고 있으므로 모든 사람들에게 권하고 싶은 식품이다. **소나무발효원액은 식물성 종합효소이기 때문에 '살아있는 식품'이다.** 8종류의 식물만을 가지고 미생물 발효를 시킨 소나무발효원액 즙은 명실 공히 식물성 종합효소로 체내에서 효소가 충분하여 효소 활동이 활성화됨에 따라 신진대사도 활성화되고 그 활성화에 기인하여 체력도 건강해진다. 또한 위장, 폐, 간장, 신장 등의 기능도 충분히 발휘되고 각종 장해로부터 몸을 보호하게 되는 것이다. 따라서 이들의 효소가 분해, 합성, 산화, 환원으로 촉매작용을 함에 따라 소화, 흡수, 연소, 배설작용에 효과적으로 움직이게 되므로 체내의 영양분을 활성화시키고 신진대사를 촉진시키며 세포에 활력을 불어넣어 줌으로써 항상 강장효과를 가질 수 있는 힘을 주게 된다. 그러나 최근의 연구에서는 효소가

 아름다운 살결 보존과 소나무

체내에서 만들어지는 것만으로는 부족하기 때문에 체외에서 식품의 형태로 보급하지 않으면 안 된다는 것이 정설로 학자들이 주장하고 있다. 특히 체외 효소는 '살아있는 식품'에 많이 함유되어 있는데 이러한 식품으로서는 신선한 생야채, 과일, 해초 등이 그것이다. 자연에서 생기를 줄 수 있는 기능성을 가진 효소가 충분하게 들어 있는 식품을 섭취하여야 한다. 이와 같은 모든 조건을 가지고 만들어진 살아있는 식품이 소나무발효원액이다.

2. 신체의 작용에 필요한 영양소 및 작용

우리들의 신체적인 작용을 순조롭게 하는 데 필요한 것은 단백질, 탄수화물, 지방의 세 가지 영양소이다. 이들 영양소 즉 단백질은 소모된 조직을 보완하거나 또한 발육을 돕기도 하지만 탄수화물과 지방은 에너지원이라 할 수 있다. 그런데 이 영양소는 비타민이라고 하는 부영양소가 없다면 제대로 몸속에서 유용하게 쓸 수 없게 되는데 비타민의 필요량은 ㎎ 또는 1 / 1000 정도의 미량이라는 것이다. 특히 비타민C는 동물성식품에는 거의 포함되지 않은 것이 많다. 이 비타민C가 부족하면 괴혈병에 걸린다는 것은 다 알고 있지만 이 비타민C는 혈관 벽을 보강하여 줌으로써 잇몸으로부터의 출혈이나 상처의 치료에도 비타민C를 병용하는 것이다. 만약에 비타민C가 부족하면 상처회복이 곤란하고 질병의 감염에 대한 저항력이 저하된다. 그 외 무기질도 여러 가지 조직의 성분이 있어 각각의 중요한 생리작용을 영위하는 것이다. 탄수화물인 섬유질은 식물(植物)의 힘줄이자 근육으로 영양적 가치는 없는데도 무시할 수 없는 이유로서는 식품의 양은 늘어나는데 칼로리는 늘지 않는다는 점이다. 또한 콜레스테롤 수치를 내리는 작용이 있는데 이것은 잘 흡수되지 않은 섬유가 장내에 있는 콜레스테롤이나 콜레스테롤에서 만들어지는 담즙 산의 흡수를 동시에 방지하고 또한 배설을 촉진시키는 작용이 있기 때문이다. 특히 운동부족으로 인하여 대장의 작용이 둔화되어 생기는 변비 예방에는 섬유의 작용으로 잘 알려져 있는데 이 섬유는 인간이 지니고 있는 소화효소로는 분해할 수 없는 것 즉 소화 흡수되지 않은 채 인간의 몸을 통과해 버리는 게 되는데 이와 같이 통과할 때 섬유가 장을 자극하게 되어 변통(便通)을 촉진하는 것이다. 이와 같이 영양소는 각각의 작용을 하게 되는데 이것은 비교적 식물에서 쉽게 얻어지며 특히 소나무에 많이 함유되어 있다는 것이다. 영양소의 작용 중 비만을 예로 든다면 이것은 영양의 편중이 가져다주는 산물이다. 이 비만은 과식만이 원인이 아니라는 점이다. 비만은 모든 영양을 넘치도록 섭취한 결과가 아니며 어떤 영양소가 과잉상태인데 어떤 영양소는 부족한 상태에서 섭취된다. 즉 편식(偏食)이 가장 큰 원인이라 할 수 있다. 요즈음은 불행한 생활을 모르는 시대이기 때문에 식물은 멀리하고 다양하고 맛이 있는 인스턴트식품 등 각종 요리를 마음대로 먹을 수 있기 때문에 영양소과잉의 원인으로 대두되어 비만이 오는 것이다. 따라서 적절한 영양소를 가지고 있는 식물의 중요성을 인식할 때 자연히 비만은 해소되는 것이다.

3. 발효원액을 어느 정도 먹어야 건강에 좋은가

녹황색식물은 잎의 색깔이 녹색이나 황색 등 색이 짙은 것이 녹황색 식물인 셈인데 이는 비타민A의 함유량으로 결정되는 것이 보통이며 소나무의 솔잎은 그 대표적이라고 할 수 있다. 비타민A의 효력이 100g에 대하여 1000IU이상의 것이라고 규정되어 있다. 따라서 오이나 파, 꼬투리 완두 등은 녹황색 식물이라고 할 수 없다. 비타민A는 시각, 성장, 세포분열 및 증식, 생식 그리고 면역체계의 보존에 매우 중요한 역할을 하는 영양소이기 때문이며 식물성에서는 Carotenoid로 자연계에서는 약 500여 종이 존재하고 있다. 그러나 이 비타민A는 단백질, α-tocopherol, Fe 및 Zn 등과 같은 다른 영양소가 결핍되면 비타민A의 운반, 저장 그리고 이용에 역효과를 주게 된다는 것이므로 각종 영양소와 무기질을 풍부하게 가지고 있는 소나무가 좋다는 것이다. 그러나 얼마나 섭취해야 우리 몸에 좋은가를 알아야 한다. 건강한 몸의 혈액은 약알칼리성이라야 하므로 녹황색식물인 소나무발효원액 즙을 섭취해야 하는데 대개 하루 100g정도(일반 야채 즙 300g과 동일) 섭취해야 된다는 것이다(Underwood B. A. 1984). 이렇게 매일 섭취할 때는, 피로하기 쉽고 병에 걸리기 쉬운 체질을 개선시킬 수 있다는 것이다. 그러나 이것은 생즙인 발효원액을 의미하며 먹기 좋은 즙으로 만들었을 때는 약 세 컵 정도이므로 섭취하는 데는 그리 어려운 것은 아니다. 이것을 섭취하였을 때의 특징은 모든 영양소가 파괴되지 아니하고 비타민이나 무기질은 살아있는 세포 속에서 활동하고 있는 형태 그대로여서 우리 몸에 곧 활용될 수 있는 형태로 포함되어 있으며 또한 세포의 생명유지를 위해 각각 균형을 취하면서 서로 작용하고 있는 기타의 중요한 성분을 포함하고 있기 때문이다. 특히 이것은 위벽과 장벽으로부터 직접 흡수되는 형태이므로 효과가 빠른 장점도 있다. 그러나 이것은 모든 병에 잘 듣는다는 특효약은 아니다. 이것은 약이라기보다는 건강을 지키고 원기 있게 보내기를 원하는 사람들에게 권하고 싶은 식품이다.

4. 복용하면서 팩을 하면
피부에 더 좋을까?

피부를 손상시키는 일부 질병(여드름, 기미, 주근깨) 등은 국부적인 질환이기 때문에 복용하면 정기를 북돋우고 풍을 몰아내며 열을 내리면서 피를 식히고 해독함과 동시에 몽우리를 흩트리고 습을 건조시키며 가려움을 멎 게 한다고 고서(동의보감, 본초강목)에 기록되어 있다. 특히 피부는 몸과 마음, 정기에서 나옴으로 내장이 건강한가, 그렇지 않은가를 비추는 거울이다. 따라서 소나무발효원액 즙을 복용하면서 소나무 팩을 한다면 건조하고 잔주름이 있으면서 거친 피부를 싱싱하고 잡티 없는 피부로 만들어 준다. 특히 소나무발효원액 즙과 소나무 팩은 활성산소의 표출로 피부 표면의 죽은 각질과 모공 속에 쌓인 오래된 노폐물을 말끔히 제거해 줌으로써 피부를 청결하게 만들고 또 혈액순환을 활발하게 하고 피부 생리기능을 회복시켜주는 동시에 피부 속 깊은 곳까지 수분과 영양이 잘 흡수되도록 도와준다.

 아름다운 살결 보존과 소나무

5. 소나무 자연식품과 피부와의 관계

소나무 성분 중에는 혈관을 강화하고 순환기를 강화시키는 작용을 하는 비타민C, K, E, B_1, B_2 가 많아서 혈액을 정화하는 작용이 크고 모세혈관을 강하게 하는 루틴(Rutin)과 옥시팔민산(Oxipalmitic acid)이 들어 있어 젊음을 유지시켜 노화방지에 기여한다. 또한 타 식물들은 아스파라긴산(Aspartic acid)과 글루타민산(Glutamic acid)이 동등하게 있으나 소나무는 타 식물에 비해 아스파라긴산(Aspartic acid)이 글루타민산(Glutamic acid)보다 2.8배가 많이 함유되어 있어 피로감을 회복시키는 작용을 한다. 특히 콜린은 죽순에 비해 6800배가 많아 지방간을 해소하는 특수물질이라고까지 하며(후지 식물원보고 12호-'67) 콜라겐과 단백질이 풍부하게 들어 있어 살결을 탄력 있게 하고 부드럽게 하는 데 효과가 높다.

　피부는 피지선, 땀선 등 분비선에서 나오는 분비물과 밖으로부터의 먼지 등으로 더럽혀져 있다. 이것들은 피부의 두꺼운 층의 온도가 상승하고 혈관이 확장됨으로써 말끔히 씻겨 나간다. 소나무제품을 음용 하면서 목욕을 병행하면 온 몸의 땀구멍이 열려서 땀과 함께 몸 안에 축적된 독소와 죽은 세포(각질)가 빠져나오기 때문에 많은 때가 나오게 되며 그에 따라 피부가 매끄러워지고 반점이나 피가 맺힌 상처는 정상으로 회복되는 것이다. 피부는 진피층의 콜라겐이나 엘라스틴이 피부의 탄력을 좌우하고 멜라닌 색소가 과잉 생성되면 기미, 주근깨, 검버섯의 원인이 되는데 소나무가 가지고 있는 타닌 성분(녹차가 가지고 있는 카데킨과 과일 등의 열매가 가지고 있는 디오스프린 두 종류가 있다.)은 피지 제거와 수렴작용, 염증제거 효과는 물론 항산화 효과가 크기 때문에 피부를 형성하고 있는 단백질이나 지방을 산화 변질시키는 활성산소를 제거하는 데 효과가 매우 탁월해 피부를 부드럽게

만든다. 또 타닌은 멜라닌 색소와 결합해 소변으로 배설하고 멜라닌 색소가
침착되는 것을 막아 살결이 희어지고 매끄러워지며, 피부에 탄력을 준다.
따라서 음용하면서 모욕과 마사지 팩을 하였을 때는 건강과 젊음을 갖는 2
중 효과를 갖게 되며 최상의 탄력 있는 피부를 유지할 수 있는 기쁨을 누릴
수 있다고 확신한다.

6. 소나무 자연 팩의 특징

각종 박테리아로부터 자신을 보호하기 위한 특유의 좋은 향기와 살균 살충력
을 내포한 '피톤치드'라는 방향성 물질을 내뿜는 소나무는 병원균을 죽이며 피
부에 자극작용을 하여주는 휘발성 향기물질인 '테르펜(Terpen)' 등의 성분을
발산하는 분위기를 주어 팩 자체는 소나무 삼림욕을 느끼게 하여주는 기분을
줌으로써 신체의 리듬을 회복시키고 피부에 안정감을 준다. 특히 피부 턴 오
버를 촉진시키며, 젊음을 유지시켜 주는 강력한 작용을 하는 '옥실팔티민산'
성분이 피부 활동을 강화시켜 주므로 피부가 생기 있어지고 안색이 투명해지
는데, 특히 송실(솔방울)이 가지고 있는 성분으로 인해 미백효과까지 준다.
그리고 정유성분과 타닌 성분은 살균성이 매우 강하여 피부에 자극작용, 흉터
완화작용, 여드름 염증을 없애주는 작용을 하기 때문에 여드름 피부에 적당하
며 또한 활성산소의 피해를 복구하고 막아주며 면역기능을 높여준다.
세포 재생을 돕는 성분을 많이 가지고 있기 때문에 음용할 수 있는 소나무
발효원액을 병행한다면 조혈작용과 육아조직이 뛰어나 버짐이나 기미 등이

일시에 없어지는 피부 수렴, 정화 및 진정효과가 동시에 오게 된다. 따라서 소나무 마사지 팩은 한마디로 표현한다면 피부를 유연하게 해주고 보습, 탄력증가, 안색을 편안하게 하며 화장발을 잘 받게 하여 건강한 피부로 가꾸어주는 특징을 가지고 있다.

7. 소나무 자연 팩의 성분(5g)

- 정유(테르펜유, 캄파인 등)성분 0.13%
- 송진성분 7%
- P-노사코산 5%
- 비타민 C, K, 카로틴, 후라보노이드 등 0.3%
- 기타 엽록소, 미네랄(철분, 철), 그리코기닌, 아비에틱산, 콜린 등 많은 성분 다량함유

8. 소나무 자연 팩과 일반 화장품 팩과의 차이

- **일반 화장품의 팩**
  - 다만 아름다움을 꾸며내는 작용이 중요한 기능

-단일 원재료가 아니며 화학약품의 첨가

-부작용으로는 황조현상, 색소침착, 여드름으로 대표

-주요성분은 화학물질과 광물성물질로서 인체 부작용이 많다.

● **소나무 자연 팩**

-이 팩은 솔잎, 송피, 송실(씨앗), 송지(송진), 송화 복령 등의 소나무 전체로 만들고 있으며 이런 소나무는 새살을 나게 하고 아픔을 멈추게 하며 살균성이 매우 강하기 때문에 특히 피부자극작용, 억균작용, 염증을 없애는 작용을 할 뿐 아니라 모공 수축작용, 흉터제거작용으로 여드름 피부에 적합하고 피지나 각질제거, 여드름 상처의 회복 등 여드름이 끓는 것을 방지해주는 효과를 동시에 기대할 수 있다.

-천연적인 유효성분(알칼로이드, 유기산류, 아미노산, 단백질과 효소, 비타민, 기타 성분 등등)을 함유하고 있어 피부에 영양공급을 하여 노화방지를 위한 혈액순환을 촉진한다.

-비타민이 풍부하여 피지를 조절하고 모공에 탄력을 준다.

-소나무의 타닌 성분은 자외선으로부터 피부를 보호해주며 색소 침착을 방지해 피부 미백에 효과가 있으며 항산화작용으로 노화방지에도 탁월하며 모공을 수축시키는 작용을 한다. 또 모공 주위의 피부를 부풀게 해서 모공이 좁아 보이는 효과를 나타낸다.

-소나무에 들어 있는 생체활성 미량원소들이 피지 조절 및 수렴, 각질제거에 탁월하여 화장을 잘 받게 한다.

-피부에 전혀 해가 없으며 미백효과가 크다. 특히 단일 원재료로 독성 및 부작용이 없다.

-총체적인 미용관점에서 시작하여 근본을 치유하는 특성을 가지고 있

 아름다운 살결 보존과 소나무

다.(자외선 차단 효과)

-주름살을 억제시키고 피부를 윤택하게 하며 피부의 기미에도 뚜렷한
치유효과를 나타내고 있다.

- **소나무 자연 팩, 제대로 효과 보려면**

-소나무 팩은 피부 표면에 얇은 막을 형성해 일시적으로 외부로부터
피부를 차단시켜 피부 표면의 수분이 증발하는 것을 억제한다. 이로
인해 피부 온도가 올라가게 되고 땀을 내는 발한 작용이 왕성해지게
되는데 이때 모공 속의 노폐물과 각질이 팩에 흡수돼 함께 떨어져 나
오므로 모공을 청소해 주는 역할을 할 뿐 아니라 모공에 활력을 준다.

-팩 하기 전 모공 열기

세안 후 스팀 타월로 모공을 열고 수분 크림이나 마사지 크림을 적당
량 덜어 얼굴에 원을 그리듯 문질러 준다. 피부의 혈액순환과 신진대
사가 활발해져 보습과 탄력을 동시에 해결할 수 있다. 마사지 후에 소
나무 팩을 하면 마사지가 혈액순환을 촉진시켜 피부 온도를 높여주고
모공을 열어주어 팩의 영양성분이 피부에 침투를 용이하게 하여 준다.

-팩하고 난 뒤 얼음 마사지로 모공관리

소나무 팩으로 모공 속의 분비물과 피지를 없애고 난 뒤 취하는 사
후관리가 모공을 축소시키는 데 결정적인 역할을 한다. 깨끗이 세안
하고 스킨이나 에센스를 바른 다음 헝겊에 싼 얼음을 얼굴에 올려
마사지하면 모공을 수축시키는 효과를 얻을 수 있다.

9. 소나무 자연 팩의 시행 단계

- **클렌징 단계**

  크림 대용으로 달걀흰자를 충분히 거품을 내어 크림상태로 만들어 5분 정도 얼굴에 충분히 바른 후 얼굴 바깥쪽에서 안쪽으로 마사지하듯 부드럽게 듬뿍 발라 마사지한 다음 차가운 수건으로 닦아내고 더운 수건으로 충분한 시간을 스팀 찜질하여 모공을 넓힌다.

- **피부 활성화 및 팩 단계**

  - 일반적인 피부

  찜질한 피부에 제조된 소나무 분말에 수분이 있는 과일이나 야채와 우유 등과 꿀을 혼합하여 5㎜정도를 듬뿍 발라 30분에서 40분 정도 편안함으로 있다가 거즈를 뜯어내고, 비누를 사용하지 말고 물 세안으로 씻어 내고 스킨과 로션으로 마무리한다. 각질을 제거하고자 할 때에는 거즈를 사용하지 말고 직접 피부에 듬뿍 바른 후 세안 시 가볍게 마사지 식으로 한 2~3분간 문지른 다음 세안하면 각질이 제거된다.

  - 심한 여드름, 기미와 기타 상처 난 피부

  과일, 야채, 우유 대신 소나무 발효초를 적당량으로 꿀과 같이 혼합하여 위와 같은 방법으로 있다가 물 세안 시 소나무 발효초를 섞은 물로 세안을 하면 된다. 단 스킨이나 로션을 사용하지 말고, 또한 물기를 닦아내지 말며 자연 물기가 마른 후 순한 스킨만으로 마무리한다. 여드름 화장품이 채택하고 있는 대표적 화학성분인 살리실산과 트리클로산이 있는데 최근에 여드름균인 프로피오니·박테리움·아크네에 강한 항균물질 '엑스노브'를 송화에서 추출, 각광을 받고 있다. 또한 수나무 발효차가, 노폐물을 제거해 탄력 있는 피부를 만들며 과산화지질이 피부세포막을 파괴하여 생기는 기미에 효과가 있는 것은 과산화지질을 억제하고 세포의 신진대사를 활발하게 하며 기미의 원인인 멜라닌 색소를 배출시키기 때문이라고 한다.

VII 소나무 팩 사용 후의 결과

1. 실험시료선정

시중에 나와 있는 머드팩 1종, 외국제 1종, 국내 화장품회사 제품 2종, 우리의 민족수 소나무를 이용하여 제조된 제품을 이용하였다.

2. 실험대상

대학 여학생 130명을 5개 그룹으로 나누어 반복 실시

3. 실험기간

2003년 6월 10일부터 7월 9일까지

4. 설문내용은 다음과 같다

- 피부를 부드럽게 해주는 데 가장 탁월한 제품은
- 피부에 각질을 비롯한 지방 등을 없애준다고 생각되는 제품은
- 사용 후 보습효과를 준다고 생각되는 제품은
- 미백효과가 있다고 보는가
- 사용 후 햇빛(자외선)을 쏘인 후에 피부에 영향이 가장 적은 제품은
- 기미 등의 색소가 연해진 제품은
- 팩을 한 이후 화장을 하였을 때 화장발이 잘 받는 제품은
- 팩의 효과가 오래 지속된다고 느낀 제품은
- 각 제품마다 어떠한 향이 나며 제일 향이 좋은 제품은
- 계속 애용하고 싶은 제품은

5. 시중에 나와 있는 팩 종류와 비교 설문결과

소나무로 제조된 팩	머드팩	○ 화장품회사 팩	△ 화장품회사 팩	▽ 화장품회사 팩
각질제거 등 좋다	−	제거된다고 느낌	보 통	제거된다고 느낌
보습효과 오래 지속됨	있 음	있다고 느낌	있 음	있다고 느낌
자외선차단 효과느낌	느끼지 못했다	느끼지 못했다	느끼지 못했다	느끼지 못했다
미백효과가 크다	못 느꼈다.	약간 있는 느낌	약간 있는 느낌	약간 있는 느낌
기미색소침착 연하게 함	−	연하게 함	−	연하여짐
화장 잘 받음	−	보 통	보 통	보 통
팩 효과오래 지속	보 통	보 통	보 통	보 통
향이 좋다	무 취	무 취	무 취	향이 좋다
계속하고 싶다는 욕망 충족	별로 하지 않는다.	전에 자주 이용했다.	처음 해보았지만 관심 없다	관심 없다

* 20대 여성을 상대로 하였기 때문에 완벽할 수는 없지만 가장 민감한 피부를 가진 여성군(女性群)이기 때문에 약간의 신빙성은 있다고 판단됨(오차범위±5%)

6. 참고: 피부 여드름 유발 원인 성분

*** 인공향료: 피부 자극 및 알레르기 반응의 원인**

- 인공색소: 매우 강한 여드름 유발성분으로 민감성 피부의 원인
- 라놀린: 양털에서 추출한 윤활제로 알레르기, 여드름 유발원인
- 미네랄 오일: 석유에서 추출한 부산물로 베이비오일, 마사지크
  림에 사용하는 것으로 이를 사용 시 피부 호흡방해, 피부 질식,
  습진의 원인
- 실리콘 오일: 방수제로 사용 감은 좋으나 모공을 막아 피부질
  식, 여드름 유발원인

* 향이 짙은 화장품일수록 트러블이 많이 생긴다.(향은 600여가지 이
상의 화학물질로 구성 트러블 메이커 1순위(민감성 피부는 무향의
제품을 선택하는 것이 현명하다.)

7. 소나무 발효초(피부 보호형)의 효능

발효초는 초산균의 도움으로 에틸알코올을 산화하여 초산을 생성하는데 일반적
으로 유용한 초산 생성 균은 아세토박터(Acetobacter)이다. 이 발효초는 석회
나 칼슘 성분을 녹이는 성질을 이용하여 무좀이나 손에 자극을 줄이고 수분을

유지시킬 수 있다고 보고된 바 있다.(Virtuse of vinegar, The vinegar institute, 1994) 또한 목욕할 때 발효초 반 컵 정도를 욕조에 넣으면 약산성의 물이 혈행을 촉진하므로 피로 회복도 좋으며 피부도 매끈매끈해진다. 이는 피부의 pH가 약산성일 때가 좋으며 발효초는 세숫물의 pH를 약산성 쪽으로 만들어 준다고도 보고된바 있다.(월간 식품과 위생 12월 호, 1985) 그리고 머리를 감은 후 마지막 헹구는 물에 발효초를 몇 방울 넣어 헹구면 머리 결이 좋으며 윤기가 흐르고 비듬방지의 효과도 얻을 수 있다. 이는 발효초가 두발의 왁스 성분 형성을 촉진시켜 윤기를 주며 자체의 살균력으로 인해 곰팡이에 의한 비듬 발생을 억제한다고 하였다.(월간 식품과 위생 12월호, 1985) 특히 향약구급방이라는 고서에는 약방(藥房)으로 발효초에 대한 다양한 이용법이 기술되어 있다. 일본 나카야마 사다오 교수와 노리 야부겐 교수는 발효초가 피로회복과 피부 미용 그리고 고혈압 및 동맥경화 예방에 좋다고 하였다. 즉 세균이나 바이러스의 증식을 억제해 여드름 등의 피부 트러블을 개선시킨다고 하였다. 발효초에 있는 비타민 E는 피부의 젖산을 분해해 혈액순환을 촉진, 피부 노폐물을 배출한다고 하였다.

♣ 발효초에 의한 무좀, 발 냄새제거, 여드름, 거친 피부 처리요령

무좀은 소나무 발효초 1800㎖ 1병을 플라스틱 세면기에 쏟아 붓고 깨끗이 씻은 발을 아침저녁으로 10~15분씩 5~7일 담근다. 담근 후에는 발을 물로 씻지 말고 그냥 말린다. 완전히 말린 후에 물로 헹군다. 무좀에 한번 사용한 발효초는 버리지 말고 덮어두었다가 계속 사용한다.

여드름에는 발효초를 연하게 물에 희석시킨 후 희석된 물로 여드름 부위의 안면을 헹군 후에 그냥 말린다. 말린 후에 여드름 부위에 원액을 면봉을 이용하여 바른다 하루에 2-3회 반복하여 5-7일간 한다. 그 후에 딱지가 생겼을 때 떼어내지 말고 그 부위에 마사지 팩에 발효초를 섞어서 팩을 하면 상처부위가 깨끗해진다. **여드름**이 심할 경우에는 머리도 린스 대용품으로 발효초를 이용하여 감게 되면 상처부위의 치유가 빨라진다. **피로한 피부에 활력을 주기 위해서, 주근깨 방지**를 위한 방법으로 발효초에 약간의 물을 희석하여 피부에 듬뿍 뿌려주고 **거친 피부**에는 우유에 발효초 꿀을 첨가 로션 대용, 마사지 팩에 소량의 발효초를 섞어서 사용하면 효과가 있다. 발효초는 산도가 높아 음용이 불가하며 상처부위가 처음에는 약간 아프고 얼굴 부위는 빨개지나 두 번째부터는 아프지 않으며 각질화된 피부가 벗겨지면서 새살이 금방 살아나고 깨끗한 상태로 회복된다.

피부는 알칼리성이지만 피부의 표면은 약산성이다. 약산성을 유지해야 저항력이 생겨 세균 증식을 억제할 수 있는 것이다. 따라서 발효초로 세안하면 발효초의 유기산이 피부 표면을 약산성으로 보존 피부가 건강한 상태를 유지할 수 있다. 살균력이 강한 발효초는 두피에 습진이 생겨 머리카락이 많이 빠지는 경우 이용하면 효과적이며 피부를 진정시키고 모공을 좁히기도 한다.

소나무 발효초의 살균력을 이용하여 피부질환의 치료법에도 이용되고 있다. 피부에 하얗게 번지는 백선 중에 발효초의 효과가 인정되고

있고 특히 무좀과 발 냄새, 여드름에는 특효가 있다. 무좀을 일으키는 균의 종류는 다섯 가지 이상(무좀균의 종류: Candida albicans, Trichophyton mentagrophytes, T. rubrum, T. schoenleinii, T. tonsurans, Micosporum canis, Aspergilus flavus, Cryptococcus neoformans)이 되는데 세균, 곰팡이가 주된 것이며 이 균들은 피부 깊숙이 파고 들어가서 증식하기 때문이고, 발 냄새는 발의 아포크린(Apocrine)이라는 땀샘에서 나오는 땀이 공기 중의 박테리아와 혼합하여 악취가 나는 화학물질인 '이소 발레릭산'을 만들어내 악취를 나게 한다. 여드름은 여드름 균인 프로피오니·박테리움·아크네가 모낭에 집단을 형성하여 염증을 유발하는 것이므로 연고 같은 것을 피부 표면에 발라도 약 성분의 침투력이 약하여 완치되지 않는다. 수많은 무좀과 여드름 약이 방송광고에 등장하는 것은 그만큼 특효약이 못된다는 한 역설적 표현이다. 그러나 아무리 심한 무좀이나 여드름이라도 소나무 발효초에는 견디지 못한다. 소나무 발효초의 산은 침투력이 매우 강하여 피부 깊숙이 잠복해 있는 무좀균과 여드름 균을 여지없이 박멸한다. 무좀이 심한 경우에는 피부에 균열이 생기고 발톱 밑으로 침식해 들어가서 발톱이 새까맣게 썩어 가며, 특히 여드름이 심하면 얼굴 피부를 완전히 망가트린다. 이런 경우에 소나무 발효초는 그 역량을 발휘하여 좋은 효과를 발휘한다. 여기에 해당되는 발효초는 산도가 아주 낮고 천연적인 자연 발효초만이 해당되는 것이다. 시중에서 나오는 빙초산은 위험하고 피부에 닿으면 화상을 입게 됨으로 빙초산을 사용해서는 아니 된다.

VIII 소나무 천연비누

1. 선택할 수 있는 비누의 특징

씻는 과정에서 피부 외피 층의 세포에 지나치게 자극을 받아서 부작용이 일어 날 수도 있다. 비누 사용으로 신체를 청결히 한다는 것은 보건 위생상으로 중요하지만 여성들에게는 미용의 수단으로도 매우 중요하다. 따라서 비누의 선택은 세정과 미용의 차원을 함께 고려하여 사용하는 것이 중요하므로 비누 선택은 그 만큼 중요하다. 선택할 수 있는 비누의 특징은

- 순하며 피부에 자극이 적은 제품,
- 수분 유지와 영양 공급을 겸할 수 있는 제품.
- 마사지와 피부 재생에 좋은 제품.
- 세정은 물론 피부 노화방지에 도움이 되는 제품.
- 자연 성분을 사용한 제품(화학성분 배제)

2. 피부의 성질에 따른 비누선택

우리의 피부는 하루 종일 바깥의 불필요한 먼지에 노출되어 있기 때문에 공해, 먼지, 자외선 등으로 더러워지기 마련이다. 그 외 화장품, 각질, 분비물, 땀, 세균 등에 더럽혀져 있어 피부 기능에 지장을 주게 되고 그것은 피부 트러블을 일으키는 원인이 되는데 비누는 이러한 것을 제거하여 피부를 청결하게 유지하는 것이 목적이다. 이러한 트러블을 방지하기 위해서 날마다 세안을 깨끗이 해야 한다. 묵은 각질과 피부 보호막을 세안을 통해 씻어대면 피부는 원래의 상태로 돌아가려는 성질이 있기 때문에 결과적으로 신진대사를 촉진해서 피부가 맑고 촉촉해진다. 비누의 알카리 성분은 노화된 각질을 연화시켜주는 기능을 가지고 있어 피부를 매끄럽게 해준다. 그러나 알카리 성분이 지나치게 많으면 각질을 너무 부드럽게 하기 때문에 피부에 자극을 주기 쉽고 피부 보호막을 제거하여 피부의 손실이 많아지므로 세안 후 땅기는 증상을 경험하게 된다. 이러한 문제점을 보완하려면 비누는 본인의 피부 타입에 따라 선택하는 것이 좋고 알레르기성 민감성 피부에는 향이 없는 비누를 써야 한다. 가장 일반적인 것이 약산성 비누, 우리의 피부 표면은 약산성이기 때문에 비누 역시 약산성을 고르는 것이 현명하다. 특히 피부가 약한 사람은 중성 또는 약산성의 비누가 좋다. 또 사용 후 반드시 물로 깨끗이 여러 번 씻어내야 하며 잘 헹구지 않아 비누 성분이 피부에 남아 있게 될 경우 피부가 건조해지고 거칠어진다. 화장을 지운 후에도 비누로 피부에 남아있는 지방, 각질 등의 이 물질들을 마저 제거해야 피부가 청결하게 된다. 비누는 개인적인 기호에 따라 사용하되 피부의 성질 즉 건성, 지성에 따라 선택하는 것이 좋다.

1) 피부 타입별 비누란

- **건성피부**: 건성피부는 피부의 각질층이 수분을 잃은 결과 수분이 많이 함유된 비누를 쓰거나 식물성 기름성분이 많이 함유된 비누를 사용하면 어느 정도 피부가 건조를 막을 수 있으나 세정력이 너무 뛰어난 알칼리성 비누를 오래 사용하면 피부가 거칠어질 수 있다. 그리고 일반비누보다 클렌징 효과는 떨어지며 세안 후 보습제의 역할까지 하는 것은 아니므로 세안 후 반드시 보습 제를 사용해주어야 피부 건조를 막을 수 있다.

- **지성피부**: 수분을 모두 빼앗긴 피부가 기름을 과도하게 생산하는 피부이기 때문에 비 알칼리성 세안제를 선택하여 하루에 2~3번 정도 따뜻한 물로 세안하도록 한다. 세안 전 반드시 스팀 타월로 모공을 열어 피지를 말끔히 제거하고 세언 후 자연식초 몇 방울을 떨어뜨린 물로 헹구면 효과가 좋다. 또한 비누와 물로 자주 세안하는 것이 가장 싸고 효과적인 기름 제거 방법이다. 제품 사용 시엔 알코올 함량이 높은 제품을 사용하여 기름을 제거한다. 학교, 직장 같은 곳에서 세안을 충분히 할 수 없을 경우 아스트린젠트나 크린징 패드를 사용한다. 그 외 기름 흡수 종이를 이용해 과다한 기름을 제거하기도 한다.

- **중성피부**: 피부의 천연 보호 산성 막을 비서 내지 않는 보습 성분이 많이 함유된 콜라겐과 엘라스틴이 함유된 비누를 사용하도록 한다. 세안은 미지근한 물로 하되 딱딱한 화장 솔이나 스펀지로 심하게 문지르지 말아야 한다. 일주일에 한번정도는

스크럽 세안제로 피지나 각질을 제거해 주는 것이 필요하다.

- **여드름 피부**: 여드름은 피지선이 충분히 배출되지 못하기 때문에 생기는 염증이므로 배출되지 못한 기름이 박테리아나 각질 세포와 결합하는 것이다. 여드름을 없애고 방지하려면 적어도 하루에 두 번 이상 정성 들여 세안하여 피부 표면의 기름을 없애야 한다. 특히 피지 분비가 많은 T존과 콧방울을 정성껏 씻어야 한다.

- **민감성 피부**: 아침에는 물세안만 하고 비누 세안은 저-녁에만 하도록 한다. 민감성 피부는 온도 변화에 민감하므로 미지근한 물로 세안을 하고 특히 비눗기가 남지 않도록 여러 번 행구도록 한다. 절대 뜨거운 물은 피하도록 하여야 하며 딥클린징은 이마를 중심으로 T존 부위에만 한 달에 1~2번 정도 해준다. 또는 매우 약한 크렌저 성분과 보습성분이 섞인 제품으로 거의 알코올이 없거나 아주 적게 포함된 제품을 사용한다. 알코올, 살리실산, 레솔시놀이 포함되지 않아야 한다.

- **복합성 피부**: 복합성 피부란 T존은 지성, U존은 건성인 까다로운 피부 타입이다. 그러기 때문에 비누 선택에서도 신중할 필요가 있다. 자극이 없는 민감성용 비누를 사용해도 좋으며 세안시 T존부위을 더욱 세심하게 닦아주도록 한다.

2) 비누의 종류

시중에 나와 있는 비누에 대한 특징은 다음과 같다.

- **지성비누**: 일반적으로 좀더 많은 계면 활성제가 포함된 비누를 사용하였을 때도 과도한 지방을 제거할 수 있다.

- **투명비누**: 지방 함량이 높은 비누처럼 일반 비누보다 더 많은 지방 및 글리세린을 포함하고 있으나 비누 거품이 덜 나고 빨리 달아 빨리 소모되며 값이 비싸다. 일반적으로 순한 비누보다 더 순하다고 볼 수는 없으며 개인적 선호도에 따라 사용하는 경우가 많다.

- **약용비누**: 다양한 한방 성분과 천연 동식물 추출물이 들어간 비누로 세정작용뿐 아니라 세균 감염 억제 작용을 해준다. 성분에 따라 다양한 효능을 볼 수 있다. 단 비눗기가 완전히 제거되지 않으면 피부가 건조해지거나 자극을 줄 수 있다. 현재 시중에 나와 있는 비누 중에는 여드름용 비누가 대부분이며 체취제거 비누도 있다. 여드름용 비누나 어브레시브 비누는 자주 사용할 경우 피부 자극으로 피부가 건조해지므로 주의해서 사용해야 한다.

- **글리세린 비누**: 미네랄 오일 등의 지방성 보습제와 글리세린이 많이 들어가 있는 지방성 비누. 기름기를 많이 제거하지 않아 피부가 건조해지지 않고 세안 후 매끄럽고 촉촉한 느낌을 유지한다. 단 물기가 많은 곳에 두면 잘 녹으므로 사용 후 반드시 물기를 제거하여야 한다.

- **향 비누**: 달콤한 꽃향기, 상큼한 과일 향, 시원한 바다 향 등등 다양한 향수 성분이 들어간 비누로 사용 중에나 사용 후에도 오랫동안 기분 좋은 향을 느낄 수 있지만 향 성분은 간혹 알레르기를 일으킬 수도 있으니 민감성 피부의 경우에는 사용하지 않는 것이 좋다.

- **클렌징 겸용 비누**: 스크럽 성분이 들어 있어 클렌저 사용 후 비누 세안을 다시 해야 하는 번거러움 없이 한번에 화장까지

지울 수 있는 클렌저 겸용 비누, 사용법은 일반 비누 세안과
똑같이 풍부한 거품을 이용하여 부드럽게 얼굴을 닦아준 후 미
지근한 물로 깨끗이 헹구어 낸다.

- **폼클렌저**: 클렌징 후 남아있는 메이크업 잔여물을 다시 한번
  깨끗이 제거해 주는 액체 타입의 비누로 화장을 하지 않았을
  때도 고형비누 대신 사용을 하면 피지조절, 노폐물 제거 등의
  효과를 볼 수 있다. 사용법은 비누와 마찬가지로 거품을 충분
  히 내어 세안하면 된다.
- **액상비누(물비누)** : 딱딱한 비누 대신 물비누를 선택하는 것
  역시 개인적인 기호일 뿐 효과 면에서 별 차이는 없다.
- **아로마 비누**: 아로마 오일이 들어간 비누로 천연 식물성분으
  로 손쉽게 아로마테라피의 효과를 볼 수 있다. 스트레스와 정
  신적인 피로회복에 도움이 되며 심신이 안정되고 상쾌한 기분
  을 오랫동안 계속할 수 있다. 또 아로마의 지방분해성분으로
  슬리핑 효과가지 있다.

3. 소나무천연비누와 일반비누 비교

좋은 비누라는 것은 피부조직에 껴있는 더러운 물질을 효과적으로 제거하여
야 한다. 따라서 더러운 물질을 제거하기 위해서는 더러운 물질들의 분자들
을 연결하고 있는 연결고리들을 빠르고 쉽게 끊을 수 있어야 하고 제조상에

유지를 비누화 하는데 피부의 지방을 벗겨내어 세포막을 녹여 피부장애, 피부염, 거친 피부화, 습진, 체질의 산성화, 효소 억제작용, 백혈구의 파괴 등을 일으키는 위험한 물질인 합성계면활성제와 보존료 그리고 방부제, 합성 착색료를 전혀 사용하지 아니한 비누가 좋은 비누이며 천연비누에 가까운 비누라고 표현할 수 있다.

1) 소나무천연비누

소나무는 잎에서부터 뿌리 그리고 소나무와 공생(복령, 송이버섯)하는 모든 것까지 한약제가 아닌 것이 없다. 사계절 채집이 가능한 소나무에는 노화를 예방하는 β-카로틴을 비롯해 우리 몸에 좋은 영양소가 듬뿍 들어있어 약리 기능과 다양한 효능을 가지고 있는 식물이다. 특히 부조화된 인체의 리듬을 자연의 리듬에 가깝게 가져가는 소나무를 이용하여 만드는 비누는 피부미용과 모발관리에도 좋아 다음과 같은 장점을 들 수 있다.

- 소나무(솔잎, 송피, 송실, 송지, 복령, 송화)에는 테르펜계, 페놀계, 타닌 및 알카로이드 성분이 있어 약리적인 작용이 크며 피부자극제, 소염제, 소독제, 완화제, 보향제로 이용되고 있다. 특히 테르펜은 피부와 점막에 닿으면 자극을 일으켜 진정작용을 가진다.
- 송진 속의 정유성분은 혈액순환 및 피부자극작용, 항균작용, 염증 없애기 작용을 한다.
- 소나무(솔잎, 송피, 송실, 송지, 복령, 송화)는 살균 살충력을

내포한 '피톤치드'라는 방향성물질을 내뿜으며 병균을 죽이는 테르펜 등을 발산 비누 자체가 소나무 삼림욕을 느끼게 하여 신체 리듬을 회복시키고 피부에 안정감을 준다.

- 소나무(솔잎, 송피, 송실, 송지, 복령, 송화)는 피부 턴오버를 촉진시키며 혈액순환을 촉진시키므로 피부에 생기를 주고 안색이 투명해지는 미백효과까지 준다. 특히 송실(솔방울)에 들어있는 씨앗과 복령은 피부를 곱게 하고 발모를 촉진시키고 미백제로 효과가 크다고 동의보감에 기록 되어있다.

- 소나무는 멜라닌 색소의 합성을 억제하고 피지막 밑에 있는 각질에 보습제 역할을 함으로서 미백효과가 있다는 것이다. 특히 소나무에는 보습제 성분인 콜라겐, 티아르튼산, 에라스틴 등이 있기 때문에 건강하고 신진대사가 원활하게 된다.

- 송화가루 자체만으로도 탄력 있고 윤기가 있는 피부를 가져다 준다. 특히 여드름균 프로피오니ㆍ박테리움ㆍ아크네에 강한 항균물질 "엑스노브"를 송화에서 추출한다.

- 소나무의 타닌 성분은 모공을 수축시키는 작용과 모공의 주위의 피부를 부풀게 해서 모공이 좁아 보이는 효과를 볼 수 있다.

- 소나무에 들어있는 미량 원소들은 생체활성물질로 피지 조절 및 수렴, 각질제거에 탁월하다.

- 100% 고급 식물성 오일을 사용하고 상온에서 만들기 때문에 오일 자체의 미네랄과 각종 영양소가 그대로 살아 있어 피부에 흡착성이 크다.

- 비누제조 중에 생기는 보습성분인 식물성 글리세린이 비누 중에 남아 있어서 세안 후 땡기는 감이 없다.

- 밀납(왁스)성분은 피부 보호막을 형성하여 촉촉하고 부드럽게

해주어 세안 후 로션을 바를 필요가 없다.

- 비누제조 중에 들어가는 오일은 불포화지방산을 함유한 식물성 오일이기 때문에 각질을 부드럽게 만들고 피부가 심하게 건조하는 것을 막아주므로 건성피부나 아토피 피부에 좋다. 특히 산화를 억제하고 주름진 피부에 탄력을 더해 생기 있고 맑게 가꿔준다. 또한 보습효과가 뛰어나 갈라지거나 거칠어진 피부를 촉촉하게 보호해주고 항 바이러스 성분이 함유되어 피부를 살균 정화하여 민감한 피부를 안정시켜준다. 특히 여러 자연 오일들이 갖는 고유 유익한 성분과 기능들이 파괴되지 않고 사용하는 사람에게 그대로 전달되며 피부에 자극이 적은 순한 비누이다.
- 첨가되는 소나무나 한약재가 항균 살균기능이 있어 문제성 피부에 탁월한 효과를 발휘한다.
- 일체의 화학첨가제가 들어 있지 않아서 알레르기나 민감성 피부에도 부작용이 없다. 또한 경화제를 사용하지 않으므로 수분에 무척 약하다.
- 기존의 비누와 달리 합성화학물질이 아닌 천연재료를 이용하여 만든 비누이므로 환경오염을 줄인다.

※ 소나무 천연비누 사용요령

먼저 분말 비누(검은색, 트러블 방지용)를 사용한다. 검은 비누는 여성들이 화장 지울 때, 머리가 많이 빠지는 남성이나 여성이 머리 감을 때, 그리고 공히 모욕을 할 때 사용하며 세안만을 할 때는 미백의 역할을 하는 용액비누(흰 비누)를 사용한다. 단 외출 후 세안을 할 때는 분말 비누(검은색, 트러블 방지용) 사용 후 용액 비누(흰 비누)로 마무리하는 것이 좋다.

※ 송나라의 약서(藥書) 중수정화경사증류비용본초(重修政和經史證類備用本草)에 소나무는 모발을 나게 하고 내장을 편안하게 해주며 장수하게 하는 나무이다라고 기록되어 있다.

2) 일반비누

생산단가를 낮추기 위해 동물성 기름 등 저급의 오일을 원료로 사용하고 비누를 만드는 과정에서 생기는 피부 보습 성분인 글리세린을 빼내어 로션, 크림 등 화장품의 보습원료로 사용, 그리고 세정력을 높이기 위한 합성세제, 보존기간을 높이는 방부제, 응고제, 색소, 향 등의 각종 화학 첨가물을 넣는다. 이것은 비누를 사용할 때 피부가 건조해져 땡기거나 각질이 생기고 가려움증을 유발하며 민감한 사람들이 트러블이 일어나고 피부에 남아 있어야 할 피부 보호막까지 씻어내고 특히 피부가 건조하게 되는 환절기와 겨울철에 온풍기 등의 건조한 공기 때문에 더욱더 피부를 손상시킨다.

※ 알레르기 반응을 잘 일으키는 비누물질로는 항생제, 탈색제, 방부제, 향료, 색소 등이 있다.

 아름다운 살결 보존과 소나무

4. 천연비누를 사용한 후 느낄 수 있는 점

- **세안 후 느끼는 상쾌한 세정력**

  천연 식물성 유지(야자유, 팜유, 코코넛, 올리브유 등)만을 사용하는 천연비누는 약 알칼리성이며 비누의 부드럽고 미세한 거품은 마사지 효과와 함께 모공 속 피지, 묵은 각질 등의 노폐물을 제거해 준다. 피부 속 피지와 각질의 제거는 피부 미 백 효과와 함께 모공의 확장을 막으며 피부트러블을 감소시켜 준다. 이는 식물 성분 자체에 피부에 좋은 불포화 지방산이 많이 포함되어 있어 보습성이 좋으면서도 피부를 기름지지 않게 한다.

- **세정력만큼 중요한 피부 보습효과**

  비누를 만드는 과정에서 생성되는 최고급 글리세린인 천연보습인자 글리세린NMF(Natural Moisturizing Factor) 은 합성으로 만드는 비누에서 생성되지 않는 최고급 보습제이다. 천연보습인자 글리세린NMF(Natural Moisturizing Factor)은 피부를 부드럽게 만들어 보습력을 높이고 세안 후에도 당김이 없이 촉촉하게 유지시켜 준다. 그러나 피부가 당길 경우가 있다 그것은 피지가 과도하게 제거되었거나 비눗기가 남으면 건조를 유발한다. 이때는 여러 번 맑은 물로 헹궈 주고 그래도 땅기면 세안 후 약간 식초를 섞은 물을 뿌려주면 당김이 없어진다. 또는 약산성 토너로 수분을 공급하여 피부의 pH를 맞춘다.

- **민감한 피부에도 좋은 저 자극성**

  자연으로 만든 천연비누는 피부트러블이 많은 분들에게도 자극을 주지 않으며 특히 순 식물성으로 만들었기 때문에 부드럽고 눈이 맵지 않아 피부가 예민하고 부드러운 아기에게 가장 좋은 비누이며 가려움증과 여드름이 심한 사람도 사용할 수 있다.

- **귀찮은 클렌징을 한번에 끝낼 수 있다.**

  화장을 지우는 것이 무엇보다도 피부관리에 중요하다. 그러나 천연비누는 부드럽고 미세한 거품으로 모공 속 피지와 묵은 각질 화장을 말끔히 씻어 내주어 피부를 자극하고 노화시키지 아니하고 적은 자극으로 피부를 편안하게 하여준다. 또한 보습효과가 풍부하기 때문에 피부에 수분이 많이 남아 있어 화장이 잘 받게 된다.

5. 아무리 좋은 비누도
말끔히 닦아내지 않으면 독이다

피부를 깨끗이 유지한다는 것 이상 좋은 피부 미용은 없다. 때묻고 얼룩진 벽이나 담장에 페인트칠을 해보면 역시 페인트가 윤이 나지 않는 것과 마찬가지로 피부 자체에 때가 끼여 있는 상태에서 아무리 좋은 화장품을 발라봐야 얼룩 만지지 아름답게 되지는 않는다. 피부는 인체 제일 바깥쪽에 있기 때문에 먼지나 그을음이 먼저 닿게 되고 피부보호를 위해 분비되는 기름과 결합되어 들러붙는다. 이것이 소위 말하는 때다. 이때는 피부에 서식하는 미생물과 결합하여 피부에 자극을 줄 수도 있고 피부 거침의 원인을 만든다. 이때는 각질층과 함께 떨어져 나가나 그 양은 만족 할 만큼 많지 않아 인류는 생성 이래로 피부를 씻어 깨끗함을 유지해 왔다. 이 씻어내는 작업은 비누와 물 보다 더 좋은 방법은 없다. 옛날에는 팥을 갈아 얼굴을 씻기도 했으나 대중적이 못됐고 물의 세척력을 크게 해주는 표면활성제가 주성분인 세제가 개발되었다. 비누의 구성분은 스테아르산, 팔미트산, 올레산의 나트륨염이며 가축의 지방으로 쉽게 만들 수 있다. 표면활성제는 액체에 녹을 때 표면으로 보이는 성질이 있다. 비누를 사용해서 때가 없어지는 과정을 보면 소수성부분이 때를 에워싸고 가까운 쪽에 배열하며 친수성부분은 바깥쪽으로 배열해 때와 함께 뭉쳤다가 물로 헹굴 때 같이 떨어져 나가 깨끗이 씻기는 것이다. 그런데 이때가 잘 빠지는 비누는 아무것이나 피부에 다 좋은가하면 그렇지도 않다. 비누가 피부에 나쁜 것은 알칼리성 반응 때문이라고 쉽게 생각한다. 물론 산도(pH)5 정도의 약산성 피부에 강한 알카리가 자극하면 나쁠 수도 있다. 비누를 씀으로서 피부 각질층이 부풀고 산도 변화로 박테리아 활동을 왕성하게 해주는 것이 더 나쁨으로 해서 간혹 비누의 부작용을 호소하는 사람이 있는 것이다. 그러므로 비누는 가능한 한 약알칼리성이 좋으며 씻고 난 뒤 비눗기를 말끔히 제거해야 피부가 약 알칼리성을 중화시켜 원상태의 피부로 변하는 시간을 짧게 해준다. 화장에 상식이 없는 여성은 우선 비누부터 자기 피부에 맞는 것을 써야 한다. 사람에 따라서는 피부가 산성을 회복하는 데 오래 걸리는 사람이 있고 비누를 마음대로 쓸 수 없는 과민반응을 나타내는 사람도 있다. 세수를 하고 난 뒤의 피부지방 함량은 64%로 줄어드는데 센 비누를 쓰면 지방 막이 많이 벗겨져 피부 거칢의 원인이 된다. 또 물의 선택도 중요하다. 씻고 난 뒤 끈적끈

적한 기분이 남는 센물에 씻으면 젤라닌 비슷한 침전물이 피부에 부착된다. 그것이 털구멍을 막고 물 가운데 기름이 섞인 형의 기름이 물방울을 잘게 분산된 형태가 되어 기름부분에 박테리아가 잘 살수 있는 조건을 만들어 줘 피부에 과민반응을 일으키는 수도 있다.

비누로 씻어 지방분이 없어졌다고 지방분이 많이 든 영양크림을 매일 바르는 사람도 있는데 피부 노화는 지방부족보다 수분함량이 원인이기 때문에 도움이 안 된다. 영양은 피부 속으로 들어가는 것이 아니고 체내에서 영양이 밖으로 스며 나와야 하는 만큼 별 의미가 없다. 비눗기를 충분히 씻어내지 않고 귀 뒤나 귀속에 비누 거품이 남아 있는 것을 수건으로 닦아만 내는 것은 곰팡이가 자랄 충분한 소지를 마련해 줘 습진 등 피부염이 생기는 것은 흔한 일이다. 피부병이 있으면 비누 사용이 금기인 것처럼 생각하거나 또 비누를 사용할 때 비누를 문질러야 속도 시원하고 피부도 청결해지는 것으로만 생각하는 사람들이 많은데 합성세제의 과용은 쉽게 피부를 상하게 하기도 하지만 그러나 비누는 최상의 약성을 가진 화장품임을 잊어서는 안 된다. 따라서 알레르기 반응을 잘 일으키는 비누물질인 항생제, 탈색제, 방부제, 향료, 색소 등이 포함되지 않은 천연비누를 선택하는 것이 좋다.

1) 지나친 비누세수는 피부 노화를 재촉한다

어느 정도 나이를 먹게 되면 지나친 비누 세수는 피부를 거칠게 하며 노화의 원인이 된다. 피부의 표면은 피지막이라는 얇은 기름의 막으로 에어 싸여져 있다. 이는 피부의 수분 증발을 막아주는 역할을 하고 있다. 여성의 경우 30세 전후부터 피지의 분비가 쇠퇴하기 시작하여 40세를 전후해서는 피지의 양이 확 감소한다는 결과가

 아름다운 살결 보존과 소나무

보고돤바 있다. 이것이 바로 나이를 먹게 되면 피부가 건조해지기
쉬운 원인중의 하나이다. 비누로 세수를 하면 더러움과 함께 피지
막도 씻겨 나간다. 세수를 한 후 얼굴이 땅기는 것도 이 때문이다.
잠시 기다리면 기름기가 분비 돼서 원상으로 돌아가지만 피지의 분
비가 쇠퇴한 중 노년은 원상으로 되돌아갈 때까지 어느 정도의 시
간이 걸린다. 자주 세수를 하면 피지막의 원상회복이 안 된다. 피
지가 충분하지 않으면 우선 수분의 증발이 많아지고 피부가 건조해
지기 쉽다. 그리고 피부의 표면은 약산성이지만 어느 피지막에 의
해 유지되고 있다. 약산성으로 유지되므로 세균 등의 번식을 막아
주며 알칼리성을 중화시키는 작용을 하게 된다. 피지막 밑의 각질
층은 장시간 알칼리성에 노출돼 있으면 염증을 일으키게 된다. 이
처럼 피지막이 없으면 피부에 이상이 생기기 쉬어진다. 피지막의
재생은 젊은 사람일 경우 1시간 정도, 중 노년이 되면 3~4시간이
나 걸린다. 그렇기 때문에 비누 등의 세안제를 사용한 세안은 최저
4시간 간격을 두어야 한다. 맹물로 씻으면 피부는 씻겨나가지 않기
때문에 여름에 땀이 나 자주 씻고 싶을 때엔 맹물로 씻으면 된다.

6. 비누로 인한 잘못된 상식
(씻는다고 피부병에 해롭지 않다?)

누구나 모두 피부를 깨끗하고 아름답게 가꾸려고 노력한다. 외모의 고결함

이 미관을 더해주며 마음씨도 한결 돋보여 주기 때문이다. 예부터 우리 조상들은 꽃이나 잎, 기름으로 얼굴에 화장을 해왔다. 요즈음은 화장품과 비누가 사치품에서 필수품으로 바뀌다 보니 이렇게 보편화되면서 일어나는 부작용도 무시 못 할 정도로 문제화되고 있는 것이 사실이다. 세수나 목욕을 할 때 비누를 사용하지 않는 사람은 없으며 오히려 이를 얼마나 사용하고 있느냐 하는 것이 문화의 척도일 수도 있다. 비누의 작용은 한두 가지가 아니다. 피부에 붙어 있는 때, 기름, 균등을 물만으로는 깨끗하게 할 수가 없다. 비누가 그 작용을 도와주고 있다. 즉 물의 표면력을 감소시켜 때 등을 쉽게 씻을 수 있게 하며 기름이나 물에 안 녹는 먼지 등을 유화(油化)시켜 피부를 깨끗이 한다. 따라서 잘못된 인식은 열 번 고쳐져야 한다. 습진 기타 피부병엔 물로 씻기만 하는 것도 해로운 것으로 아는 사람이 많다. 더욱이 비누를 사용하는 것은 절대적인 금물로 되어 있는 것이 통속적인 관념이다. 자주 씻어도 시원치 않을 마당에 이 얼마나 억지인가. 오히려 피부 병변엔 비누 세척이 거의 절대적으로 필요한 것이다. 물론 비누가 얼마나 피부를 손상시키는가에 대한 논란도 있다. 또 비누에 대한 알레르기나 피부 자극을 일으킨다는 것도 인정하고 있다. 그러나 이런 예는 극소수일 뿐 물과 함께 사용했기 때문에 비누 잔해 질이 오랫동안 남아 있다든가 하는 일은 있을 수 없다. 보다 자극성이 강한 비누를 사용해도 자극을 받지 않는 것은 바로 씻어내기 때문일 것이다. 그리고 우리의 피부는 언제나 그 정도의 자극은 능히 견뎌낼 수 있다.

습진, 기타 피부병은 그 원인이 내부에서 왔든 외부에서 왔든 물과 비누로 깨끗이 씻는 일이 중요하다. 손상된 피부를 청결히 해야만 세균의 번식을 막고 자극성 물질을 제거할 수 있기 때문이다. 항상 피부를 깨끗이 해야만 병 변의 악화를 막고 치유를 도울 수 있게 된다. 그러나 조심해야 할 것은 피부병환자가 너무 오랫동안 목욕을 하거나 타월을 써서 지나친 자극을 준다거나 뜨거운

 아름다운 살결 보존과 소나무

욕조에 들어가 있는 것은 위험천만한 일이 아닐 수 없다. 특히 여자의 경우 손발에 피부병이 있을 때엔 오랫동안 빨래 일에 매달려 물과 세탁물, 화학세제 등에 오래 병 부위를 잠기게 하는 것은 삼가야 한다. 비누의 선택도 위에서도 언급한바와 같이 향료가 많거나 빛깔이 진한 것은 피하고 비교적 색깔이 평범하고 향기가 적은 것을 골라야 무리한 자극을 받지 않게 된다.

7. 샴푸와 린스의 성분을 바로 알고 사용하여야 한다

삼단같이 땋아 올린 새까만 머리 결은 옛날부터 동양적인 고전미의 전형으로 꼽혀왔으며 윤택(潤澤) 있는 머리카락은 여성미를 한결 돋보이게 한다. 머리카락 없는 대머리는 아름다움과는 거리가 멀며 대머리 여성의 기괴스러움은 그녀로부터 남성의 사랑을 빼앗기에 충분하다. 화학제품이 발달하기 전에는 여성들이 계곡과 흐르는 맑은 물에 머리를 감았으며 유두 일이면 창포(菖浦)물에 머리를 감는 것이 고작이었다. 어쨌든 잘 빗겨지고 윤기가 나는 머리카락은 아름다움을 더욱 돋보이게 해주는 것이 확실하지만 씻지도 않고 흐트러진 수세미 같은 머리카락은 비정상적인 여인상을 나타내므로 머리카락의 아름다움은 미의 창조에 중요하다. 그러나 머리카락의 아름다움은 마구 씻기만 한다고 해서 아름다움이 유지되는 것은 아니다. 머리카락이 부서져 나갈듯이 기름기가 하나도 없거나 잘못 선택된 샴푸나 린스를 쓴다든지 잘 헹구지 않아 독성을 남기는 것은 좋지 않다. 그러면 머리 감는 데 쓰는 샴푸와 린스는 어떤 성분이며 머리카락에 어떤 영향을 주는가?

무턱대고 값비싼 것만 좋다고 씻다간 머리카락을 오히려 망쳐 놓지나 않는지 관심을 가져야 한다. 샴푸의 주성분은 표면 활성제로 양이온 성, 음이온 성, 양쪽 성, 비 이온 성으로 나누어지며 음이온 성 세제인 비누로 머리를 감아도 때는 잘 빠진다. 그러나 머리감는데는 비누에서 좀더 발달된 제품이 샴푸이며 비누는 알칼리성이라서 머리 결에는 별로 좋지 않다.

샴푸에 들어있는 세제의 농도는 10-30%정도이며 탈지성이 비교적 강해 분산제, 조정제, 형광제, 거품제, 살균제 등 여러 가지 첨가물을 넣어준다. 여기서 중요한 것은 라놀린과 그 유도체 세틸알코올, 올레일알코올 등 세제의 탈지성을 보충하고 윤택한 머리 결을 얻기 위해 넣어주는 것이 조정 제이다. 또한 샴푸에 첨가하는 살균제는 비듬이나 두피의 감염을 줄이게 하는 것도 있다. 그러나 최근에는 필수 수분농도의 손실이 없이 모발세척이 부드럽고 윤기 있고 건강한 머리 결을 유지시키기 위해 또한 머리카락과 두피를 재생하기 위해 만든 샴푸 등이 있는데 순한 청결 제를 사용한 샴푸이기 때문에 사용하기 편리하며 머리 결을 보호하는 데 좋은 샴푸로 평가되고 있다.

린스는 샴푸의 결점을 보충해주고 샴푸사용으로 혹시 나빠질 우려가 있는 머리 결을 보호해 주는 역할을 한다. 린스를 사용하면 머리 결이 건조해지지 않고 엉키지 않으며 정전기 현상이 일어나지 않게 해주고 샴푸 사용 시 붙어있는 칼슘염을 완전히 제거하는 역할을 한다. 또한 머리 결을 부드럽게 하는 역할을 하는데 머리결의 성분은 음 전하가 우세한데 샴푸한 뒤에는 이 음 전하의 반발이 우세하며 손질이 어렵게 되므로 양이온 성 물질을 1%정도 넘게 조정 제를 함께 넣으면 정전기 발생을 막는다. 그러나 이들 물질은 눈에 해롭다는 것을 항상 염두에 두고 가급적 머리를 감거나 세수할 때물로 외부물질을 충분히 씻어내야 한다는 것이다. 모발을 더럽게 놔두면 두피의 털구멍이 막히고 피부의 호흡이 지장을 받아 비듬 가려움이 생기며 탈모나 비듬이 오히려 생긴다.

 아름다운 살결 보존과 소나무

8. 좋은 비누의 조건을 알 수 있는 품질검사요령

가정에서 손쉽게 비누가 좋은지 나쁜지를 점검하여 좋은 비누의 조건을 만족시킬 수 있는 품질검사 방법을 알아보면 다음과 같다.

- **알코올에 녹인 것은 중성이어야 한다.**

  : 시험관에 알코올 5㎖를 넣고 팥알 크기의 비누를 넣고, 시험관을 80℃로 중량하고, 지시약으로 페놀프날레인을 2~3방울 넣고 무색이어야 하며 적색일수록 좋지 않다.

- **유리 지방산이 없어야 한다.**

  : 시험관에 에테르 약 5㎖를 넣고 팥알 크기의 비누를 넣은 후 유리막대로 에테르 중에서 가루가 되게 으깨고, 가루가 된 비누를 스포이드로 취해 거름종이에 떨어뜨려 말렸을 때 거름종이에 얼루기 나지 않는 것은 유리지방산이 없음을 나타낸다.

- **수분은 20%이하이어야 한다.**

  : 비누를 약 10g 얇게 깎아 건조기에서 약 100℃ 2시간 가열한 후에 식혀 다시 무게를 달았을 경우 건조 전후의 중량차에서 중량비를 계산한다. 이때 양질인 것은 15% 전후이다.

- **거품이 잘 일어야 한다.**

  : 물 5㎖에 비누 0.1g을 시험관에 넣고 서서히 가열해서 녹인 이
  후에 식힌 후 같은 회수로 상하로 흔들었을 때 좋은 비누일수록
  거품이 잘 인다.

- **불순물이 적어야 한다.**

  : 시험관에 알코올 5㎖를 넣고 팥알 크기의 비누를 넣고, 시험관
  을 상하로 흔들어 침전이 없는 것이 양질인 것이다.

 아름다운 살결 보존과 소나무

IX 결 언

'외모지상주의'는 21세기 사회에서 가장 영향력 있는 이데올로기이다. 뛰어난 외모는 한 사람의 능력으로 평가되고 있는 것이 현대사회다. 그러기 때문에 많은 여성들은 성형과 피부관리를 통해 외모를 가꾸기에 여념이 없다. 따라서 아름답고 싱싱한 피부야말로 대 자연이 내려주신 보석 중에서도 훌륭한 보석이다. 그 보석을 잘 가꾸고 보관을 잘해야 더욱 광채가 발할텐데 하나의 유행을 따라 미의식을 창조해가려는 어처구니없는 허상과 자중자애(自重自愛)를 못해 아름다운 피부를 지켜지지 못하는 것이 안타까움이다. 그러나 모든 여성이라면 예뻐지고 싶은 마음 누구나 갖고 있는 간절한 소망일 것이다. 그러기 때문에 모든 여성은 예쁜 얼굴을 더욱 돋보이게 하고 얼굴의 결함을 감추기 위해 화장을 하기 시작하였으며 이 화장품은 이미 농경생활이 시작 될 무렵부터 사용하기 시작하였다. 이러한 화장품은 현대에 이르러 셀 수 없을 정도로 쏟아져 나와 부작용으로 인한 피해가 적지 않다. 대부분의 화학 화장품 사용의 부작용은 황조현상, 색소 침착, 여드름으로 이러한 현상은 최근 들어서 아주 보편적인 현상이리만큼 피해율이 증가하고 있다. 그러나 식품도 인스턴트보다 천연식품이 인체에 적절하고 건강에도 좋듯이 화장품도 자연성분을 가지고 있는 천연재료가 우리인체에 유효 적절하다는 것이 과학적으로 입증되어 한방 화장품이 86년부터 본격적으로 나오게 되었다. 이때부터 인공적인 아름다움보다는 자연미를 추구하는 미용

경향이 성행하게 되었다고 한다. 천연재료의 특성으로는 세포의 구성물질인 영양물질을 그대로 가지고 있을 뿐만 아니라 피부에 자위력과 보호기능을 높여주고 장기 사용에 따른 중독성, 피부 부식 등의 나쁜 피해(위해)가 없고 더구나 독성과 과민 반응(Allergy)이 없는 것이 특징이라 할 수 있다. 이제는 조형미가 아닌 생생한 자연미로서 우리의 피부를 가꾸는 시대가 온 것 같다. 이러한 자연미를 가꾸는 대표적인 식물이 있다면 『백목지장(百木之長)이요, 만수지왕(萬樹之王)이요, 노군자(老君子)』라 칭하고 있는 소나무가 그 대표적인 식물이 아닌가 본다.

우리나라에서는 아직 식품으로서 소나무에 대해서 관심조차 없다보니 식품공전에는 솔잎 한가지만 식품의 원재료로 올라 있으나 초근목피의 시대를 겪은 중·장년 층 만이 소나무의 가치를 알뿐 그 외는 관심조차 없다. 그러나 가까운 이웃 일본사람들은 소나무에 대해서 그 가치 성을 매우 잘 알고 있을 뿐 아니라 식품으로서의 최대의 평가를 하는 민족은 없으리라 본다. "소나무는 그 날의 어려움을 피하게 한다"는 속설을 믿으며 극성스러울 정도로 관심을 갖고 있어 소나무 자체를 정부에서 직접 관리하는 등 그 귀중함을 보존하고 있다. 그런데 우리나라에서는 우리 것인데도 관심이 거의 없는 반면인 동시에 학자적 연구가 미약해서인지 이 소나무는 세계 문헌에 엄연히 일본나무로 되어 있으나 어느 누구 한 사람이라도 우리 것으로 찾아오려고 노력조차 없다. 특히 6대 영양소를 다 가지고 있는 귀중한 자원이라는 것조차 관심을 갖지 않고 있지 않으니 식품으로서조차 법적으로 인정을 받지 못하는 실정이다. 그러나 한 학자의 집념으로 늦게나마 건강을 지켜주는 식품과 그리고 인간의 피부에 이용하여 아름다운 살결을 보존할 수 있다는 사실을 찾아 보급하고 있다. 우리 민족의 건강체위 향상을 위한 환경조성 및 식품, 화장품으로서의 소나무는 절대적임을 강조하고 싶다.

다시 말해서 소나무는 특정질환을 목표로 하는 것은 아니고 건강유지, 질병의 예방, 회복촉진, 병후의 체력강화에 기초적 또는 보조적으로 일하며 돕고 있으며 여성에게는 아름다운 살결을 유지시켜 주는 데에 가치가 있다고 볼 수 있다. 건강은 일상의 식생활, 운동, 휴식, 마음을 통합한 것에서 결과가 좌우된다. 소나무는 우리 민족의 상징이자 기개를 나타내는 대표적인 식물로서 우리가 식생활의 일부로 이용한다면 건강생활의 효과적인 무대를 만드는 힘을 줄 수 있는 자연의 보물이라고 할 수 있다.

익병자부득양의(匿病者不得良醫)는 한 동중서(董仲舒)의 춘추번로 집췌(春秋繁露 執贄)에 있는 글로서 병을 숨기는 사람은 좋은 의사를 만날 수 없다는 말을 깊이 음미하면서 이 글을 많은 사람과 공유하여 참고하기를 바라는 마음이다.

참고문헌

〈피부편〉

- 서산무부: 피부과학, 제일의학(1991)
- 중앙일보사 편집부: 당신의 피부는 무엇이 문젭니까, 중앙일보사(1991)
- 현대건강연구회편: 피부병의 예방과 치료법, 진화당(1993)
- 김봉경: 아름다움과 멋은 만들어지는가?, 길벗(1996)
- 다니엘 박: 내가 가꾸는 아름다운 피부, 닥터스(1996)
- 김광옥: 20대 여성들의 피부분석을 통한 피부 각질층 상태 조사 연구, 한국미용학회지(1996)
- 최정숙, 곽형심: 여성의 기호성과 피부관리 씨스템에 따른 피부상태에 관한 연구, 한국미용학회지(1997)
- 이광묵: 피부관리와 식행동, 한농식품(1997)
- 이광묵: 모발과 피부관리, 한농식품(1998)
- 김봉인: 중년여성의 피부 건강관리에 대한 태도와 실천 행위에 관한 연구, 한국미용학회지(1999)
- 조광현, 은희철, 노동영, 윤제일, 한광호: 노화에 따른 피부조직의 변화, 대한피부과학회지(1998)
- 이현화: 피부노화에서 주름과 그 관리방법에 대한 고찰, 한국미용학회지(1999)
- 편집부: 세상에서 가장 투명한 피부의 비밀, 중앙M&B(2000)
- 김이현: 한방피부 미용법 330지혜. 한방미디어(2000)
- 홍남수: 재미있는 피부 이야기, 두레미디어(2001)
- 정진호: 한국인의 피부노화 특징 및 발생기전. 학술대회 논문집(추계학술발표대회), 단행권, 단일호, p139, 2001.

- 마노에이코 지음, 정이영 옮김: 사계절 아름다운 피부 만들기. 아카데미북 (2002)
- 전우형: 탱탱 피부 만들기, 국일미디어, (2002)
- 다이언 아이언즈 / 박무영역: 미를 위한 여자들의 음모, 큰나무, (2002)
- 이누도후미코 / 김문형역: 호감 가는 얼굴의 비밀, 주변인의 길, (2002)
- 안영: 미인은 만들어지는 것이다, 김영사, (2002)
- 이금희: 나도 피부 미인이 되고 싶어, 글읽는 세상(2002)
- 스즈키소노코. / 편집부역: 스즈키소노코의 "아기 같은 피부를 갖고 싶다", 삶과 꿈(2002)
- 김진돈: 날마다 예뻐지는 천연 피부 미용법. 건강다이제스트(2003)
- 잉그리트 지테 나들러 지음, 장혜경 옮김: 피부가 좋아하는 천연 목욕제 만들 기. 넥서스(2003)
- 우즈카마코토 지음, 신은정 옮김: 10년 젊어지는 얼굴 피부 스트레칭. 이지북 (2004)

〈소나무편〉

- 약초의 성분과 이용: 일월서각(91), ·후지 죽류 식물원보고 12호(67)
- 강윤한, 박용곤, 하태열, 문광덕: 솔잎추출물이 고지방식이를 급여한 흰쥐의 혈 청과 간장 지질 조성에 미치는 영향. J.Korean Soc.Food Nutr.25(3).367-373 (1996).
- 강윤한, 박용곤, 하태열, 문광덕: 솔잎추출물이 고지방식이를 급여한 흰쥐의 혈 청, 간장의 효소 및 간조직구조에 미치는 영향. J.Korean Soc.Food Nutr. 25(3).374-378(1996).
- 정연강, 백홍근: 기능화시대를 맞는 식품산업, 신한종합연구소, 서울. p.7(1991)
- 김기남: 식습관과 성격적 특성에 관한 연구. 한국영양학회지. 15(3), 194~200 (1982)
- 이광묵: 영양의 보고 우리 민족수 소나무. 한농식품. (2000)
- 이윤형, 최용순, 이상영: 닭에서 Pinus strobus잎 추출물의 혈청 콜레스테롤

저하효과, 한국영양식량학회지. 25, 188(1996)

- Miettinen, T.A., Puska, P., Gylling, H., Vanhanen, H. and Vartiainen, E.: Reduction of serum cholesterol with sitostanol-ester margarine in a mildl y hyperholesterolemic population. N. Engl. J. Med. 1995: 333(20): 1308-1312

- Gylling, H., Radhakishman R., Miettinen, T.A: Reduction of serum cholesterol in postmenopausal women with previous myocardial infarction and cholesterol malabsorption induced by dietary sitostanol ester margarine Circulation 1997: 96: 4226-4231.

- 최동성, 고하영: 식품기능화학, 지구문화사, 서울. p.235(1995)

- 김영길: 청송음료 제조 폐기물 사료자원화 기술개발, 동아대학교 산학협동연구 쎈터, 1998

- 지성규: 기능성식품, 광일문화사, 서울. p.100(1992)

- 이광묵: 식양법의 지식, 경인문화사(1995)

- Moskowitz, H. R. and Jacobs, b. e.: Magnituds estimation: Scientific background and use in sensory analysis. In "Applied Sensory Analysis of Foods" Moskowitz, H.(ed). CRC Press. New York. p.193(1988)

- Folch, J., Lees, M. and Sloane-Stanly, G. H.: A sample method for the isolation and purification of total lipids from animal tissues. J. Biol. Chem. 226. 497(1957)

- Brunk, S. D. and Swanson, J. R.: Colorimetic method for free fatty acids in serum validated by comparison with gas chromatography. Clin. Chem., 27, 924(1981)

- Sperry, W. M. and Webb, M.: A rivision of the Schoenheimer-Sperry method for cholesterol determination. J. Biol. Chem., 187. 97(1950)

- Fletcher, M. J.: A Colorimetic method for estimating serum triglycerdes. Clin. Chem. Acta. 22, 393(1968)

- Rouser, G., Siakatos, A. N. and Fleischer, S.: Quantitative analysis of phospholipids by thin layer chromatograhy. Lipids. 1, 85(1966)

- 이윤형, 신용목, 이재은, 최용순, 이상영: 식물 추출물로부터 3-hydroxy-3-methylglutaryl coenzyme A reductase의 활성저해제의 탐색. 한국생물공학회지, 6, 55(1991)

- Choi, Y. S., Imasato, Y., Ikeda, I. and Sugano, M.: Effects of dietary carbohydrates on cholesterol metabolism in rats of different ages. Agric. Biol. Chem., 53, 1343(1989)

- Gylling, H., Radhakishman R., Miettinen, T.A: Reduction of serum cholesterol in postmenopausal women with previous myocardial infarction and cholesterol malabsorption induced by dietary sitostanol ester margarine Circulation 1997; 96: 4226-4231.

御影雅幸, 李奉柱, 朴種喜, 難波桓雄: 韓國産 生藥の研究. 日本生藥學雜誌, 45, 336(1991)

- Miettinen, T.A., Puska, P., Gylling, H., Vanhanen, H. and Vartiainen, E.: Reduction of serum cholesterol with sitostanol-ester margarine in a mildly hyperholesterolemic population. N. Engl. J. Med. 1995: 333(20): 1308-1312

- Gylling, H., Radhakishman R., Miettinen, T.A: Reduction of serum cholesterol in postmenopausal women with previous myocardial infarction and cholesterol malabsorption induced by dietary sitostanol ester margarine Circulation 1997; 96: 4226-4231.

- 신동원: 조선사람의 생로병사, 한게레 신문사(1999)

- 김상기. 김유영 등: 흡연시 인삼, 쑥, 솔잎 추출물이 폐세포의 구조와 항산화

효소에 미치는 영향. 한국 생물 공학회지 19권 2호 p.138(2004)

〈비누편〉

- 국홍일, 명기범, 최혜민: 비누 및 비누성분의 피부 자극도에 관한 연구, 대한피부과학회지 22권 5호, p.483(1984)
- 이태환, 장승호: 수종비누의 피부 자극도 비교에 대한 연구, 대한피부과학회지 34권 1호, p.116(1995)
- 유혜자, 이혜자, 하금: 폐유를 이용한 재생비누의 특성 및 자극도에 대한 연구, 대한피부과학회지 36권 1호, p.(1998)
- 조영길: 내 피부에 딱 맞는 천연비누 만들기, 영진 COM.(2003)

李光默博士의 略歷 및 研究內容

略　歷

　군경력: ROTC#5기 육군 소령 예편
　학　위: 농학박사(영양학전공)
　전 근무지: 동의대학교. 동의공업대학, 경북전문대학 교수역임
　현 근무지: 한농식품 대표

著　書

　『식양법에 대한 지식』(경인문화사, 1995년)
　『청소년기의 식행동과 건강』(1997, 현대연구소)
　『노년기의 식행동과 건강』(1997, 현대연구소)
　『식이섬유의 기능과 영양』(1997, 현대연구소)
　『영양의 보고 우리 민족수 소나무』(2000, 한농식품)
　『소나무효소생즙과 프로폴리스』(2000, 한농식품)
　『식이요소에 대한 일반 상식과 소나무 가치』(2006, 한농식품)
　『말과 행동』(2006, 한농식품)
　『소나무의 신비』(2005. 한농식품)
　『아름다운 살결 보존과 소나무』(2006. 한농식품)

論　文

1. 석사학위 논문 명

　「Urease 특성과 저해물질(沮害物質)에 관한 연구」

2. 박사학위 논문 명

　「곡류(穀類)의 가공방법(加工方法)이 전분(澱粉)의 특성 및 이용효율에 미치는 영향」

3. 기타 논문(180편)

「혼합배양이 유산균의 생육에 미치는 영향」 1988

「Microcomputer를 이용한 양파건조 특성」 1991

「곡류의 가공방법이 전분 분해속도에 미치는 영향」 1990

「Effect of intake level and particle size on starch digestion in steer animal」 1991

「X-선 회절도에 의한 곡류의 호화도 측정에 관한 연구」 1991

「효소이용 가스 생성법에 의한 곡류사료 가치 평가방법에 관한 연구」 1993

「Cellulase-amyloglucosidase와 효모의 가스생성법에 의한 사료의 에너지가 측정에 관한 연구」 1993

「견육(犬肉) 식용(食用)의 역사와 개소주의 영양성분에 관한 연구」 1995

「식품위생 접객업소의 경쟁력 향상을 위한 방안」 1995

「모발과 피부관리」 1996

「피부관리와 식행동」 1997

「꿀벌의 진위 판별에 관한 연구」 1997

「소나무 추출물을 함유한 기능성 식품의 개발에 대한 연구」 2001

「소나무를 이용한 식초산 발효에 관한 연구」 2001

「소나무효소생즙의 Free-redical 소거작용에 관한 고찰」 2002

「소나무 추출물의 첨가가 김치의 발효숙성에 미치는 영향」 2002

特許 및 開發

◎ 특 허
  ⊙ 특허출원번호 제37956호
  ⊙ 발명특허 번호 제0198506호
  ⊙ 발명 명: 소나무의 송절을 이용한 과일음료 가공방법

◎ 개 발(산학연 공동기술개발)
  ⊙ 개발명: 청송음료 제조 폐기물의 사료자원화 기술개발

아름다운 살결 보존과 소나무

- 초판 인쇄　2006년 10월 30일
- 초판 발행　2006년 10월 30일

- 지 은 이　이광묵
- 펴 낸 이　채종준
- 펴 낸 곳　한국학술정보㈜
　경기도 파주시 교하읍 문발리 526-2
　파주출판문화정보산업단지
　전화　031) 908-3181(대표)·팩스　031) 908-3189
　홈페이지　http://www.kstudy.com
　e-mail(출판사업팀사업부)　publish@kstudy.com
- 등　록　제일산-115호(2000. 6. 19)
- 가　격　27,000원

ISBN　89-534-5928-1 93520 (Paper Book)
　　　　89-534-5929-X 98520 (e-Book)